互联网口述历史
第1辑
英雄创世记

07

让互联网对每个人都更有用

温顿·瑟夫

Vinton Cerf

主编
方兴东

中信出版集团 | 北京

图书在版编目（CIP）数据

温顿·瑟夫：让互联网对每个人都更有用 / 方兴东主编. -- 北京：中信出版社, 2021.4
（互联网口述历史. 第1辑, 英雄创世记）
ISBN 978-7-5217-1313-8

Ⅰ.①温… Ⅱ.①方… Ⅲ.①互联网络—普及读物②温顿·瑟夫—访问记 Ⅳ.①TP393.4-49②K837.126.16

中国版本图书馆CIP数据核字（2019）第294860号

温顿·瑟夫：让互联网对每个人都更有用
（互联网口述历史第1辑·英雄创世记）

主　　编：方兴东
出版发行：中信出版集团股份有限公司
（北京市朝阳区惠新东街甲4号富盛大厦2座　邮编　100029）
承 印 者：北京诚信伟业印刷有限公司

开　　本：787mm×1092mm　1/32　　印　　张：5.25　　字　　数：80千字
版　　次：2021年4月第1版　　印　　次：2021年4月第1次印刷
书　　号：ISBN 978-7-5217-1313-8
定　　价：256.00元（全8册）

I Enjoyed reliving the story of The Internet. There is much more to tell!

Vint Cerf

8/7/2017

十分享受重温互联网故事的过程。意犹未尽!

温顿・瑟夫

2017年8月7日

温顿·瑟夫为“互联网口述历史”项目写寄语

互联网口述历史团队

学 术 支 持：浙江大学传媒与国际文化学院
学术委员会主席：曼纽尔·卡斯特（Manuel Castells）
主　　　　编：方兴东
编　　　　委：倪光南　熊澄宇　田　涛　王重鸣
吴　飞　徐忠良

访 谈 策 划：方兴东
主 要 访 谈：方兴东　钟　布
战 略 合 作：高忆宁　马　杰　任喜霞
整 理 编 辑：李宇泽　彭筱军　朱晓旋　吴雪琴
于金琳
访　谈　组：范媛媛　杜运洪
研 究 支 持：钟祥铭　严　峰　钱　竑
技 术 支 持：胡炳妍　唐启胤
传 播 支 持：李　可　张雅琪

牵 头 执 行：

学术支持单位：

浙江大学社会治理研究院

互联网与社会研究院

特 别 致 谢：

本项目为2018年度国家社科基金重大项目“全球互联网50年发展历程、规律和趋势的口述史研究”（项目编号：18ZDA319）的阶段性成果。

目 录

总序　人类数字文明缔造者群像　III
前言　VII
人物生平　XV
第一次访谈　001
第二次访谈　063
第三次访谈　085
温顿·瑟夫访谈手记　129
生平大事记　137
“互联网口述历史”项目致谢名单　141
致读者　145

总序　人类数字文明缔造者群像

方兴东

“互联网口述历史”项目发起人

新冠疫情下，数字时代加速到来。要真正迎接数字文明，我们既要站在世界看互联网，更要观往知来。1994年，中国正式接入互联网，至那一年，互联网已经整整发展了25年。也就是说，我们中国缺席了互联网50年的前半程。这也是“互联网口述历史”项目的重要触动点之一。

“互联网口述历史”项目从2007年正式启动以来，到2019年互联网诞生50周年之际，完成了访谈全球500位互联网先驱和关键人物的第一阶段目标，覆盖了50多个国家和地区，基本上涵盖了互联网的全球面貌。2020年，我们开始进入第二阶段，除了继续访谈，扩大至更多的国家和地区，我们更多的精力将集中在访谈成果的陆续整理上，图书出版就是其中的成果之一。

通过口述历史，我们可以清晰地感受到：互联网是冷战的产物，是时代的产物，是技术的产物，是美国上升期的产物，更是人类进步的必然。但是，通过对世界各国互联网先驱的访谈，我们可以明确地说，互联网并不是美国给各国的礼物。每一个国家都有自己的互联网英雄，都有自己的互联网故事，都是自己内在的需要和各方力量共同推动了本国互联网的诞生和发展。因为，互联网真正的驱动力，来自人类互联的本性。人类渴望互联，信息渴望互联，机器渴望互联，技术渴望互联，互联驱动一切。而50年来，几乎所有的互联网先驱，其内在的驱动力都是期望通过自己的努力，促进互联，改变世界，让人类更美好。这就是互联网真正的初心！

互联网是全球学术共同体的产物，无论过去、现在还是将来，都是科学世界集体智慧的成果。50余年来，各国诸多不为名利、持续研究创新的互联网先驱，秉承人类共同的科学精神，也就是自由、平等、开放、共享、创新等核心价值观，推动着互联网不断发展。科学精神既是网络文化的根基，也是互联网发展的根基，更是数字时代价值观的基石。而我们日常所见的商业部分，只是互联网浮出水面的冰山一角。互联网50年的成功是技术创新、商业创新和制度创新三者良性协调联动的结果。

可以说，由于科学精神的庇护和保驾，互联网50年发展顺风顺水。互联网的成功，既是科学和技术的必然，也是政治和制度的偶然。互联网非常幸运，冷战催生了互联网，而互联网的爆发又恰逢冷战的结束。过去50年，人类度过了全球化最好的年代。但是，随着以美国政府为代表的政治力量的强势干预，以互联网超级平台为代表的商业力量开始富可敌国、势可敌国，我们访谈过的几乎所有互联网先驱，都认为今天互联网巨头的很多作为，已经背离互联网的初心。他们对互联网的现状和未来深表担忧。在政治和商业强势力量的主导下，缔造互联网的科学精神会不会继续被边缘化？如果失去了科学精神这个最根本的守护神，下一个50年互联网还能不能延续过去的好运气，整个人类的发展还能不能继续保持好运气？这无疑是对每一个国家、每一个人的拷问！

中国是互联网的后来者，并且逐渐后来居上。但中国在发展好和利用好互联网之外，能为世界互联网做什么贡献？尤其是作为全球最重要的公共物品，除了重商主义主导的商业成功，中国能为全球互联网做出什么独特的贡献？也就是说，中国能为全球互联网提供什么样的公共物品？这一问题，既是回答世界对我们的期望，也是我们自己对自己的拷问。“互联网口述历史”项目之所以能够得到全世界各界的大力支持，并产生世界范围的影响，极重要的原因之一就是这个项目首先是一个真正的公共物品，能够激发全球互联网共同的兴趣、共同的思考，对每一个国家都有意义和价值。通过挖掘和整理互联网历史上最关键人物的历史、事迹和思想，为全球互联网的发展贡献微薄之力，是我们这个项目最根本的宗旨，也是我们渴望达到的目标。

前 言

与大多数默默无闻的网络开拓者相比，温顿·瑟夫（Vinton G. Cerf）无疑是最幸运的。作为 TCP/IP[①] 和互联网架构的联合设计者之一，他是绝大多数媒体谈到互联网起源时都要加以引用的人物，人们尊敬地称他为“互联网之父”。

① TCP/IP，全称为 Transmission Control Protocol/Internet Protocol，即传输控制协议 / 互联网络协议，是互联网最基本的协议，由网络层的 IP 和传输层的 TCP 组成。TCP/IP 定义了电子设备如何连入互联网，以及数据如何在它们之间传输的标准。

30 年前，他与鲍勃 · 卡恩[①] 共同发明了 TCP/IP，打破了互联网政策的障碍，将网络从政府学术网转变成革命性的商业媒体，引爆了一场前所未有的革命。如今互联网已变成了网状结构，辐射全球，又一场革命一触即发，温顿 · 瑟夫幸运地站在了这场革命的中心。

今天互联网成功的原因之一就是温顿 · 瑟夫和鲍勃 · 卡恩没有申请专利，没有把 TCP/IP 视为私有财产。他们还花了整整十年的时间推广这项新技术，用各种方式说服人们去尝试使用它。

温顿 · 瑟夫凭着自己在互联网方面的杰出成就，获得了无数荣誉和褒奖。温顿 · 瑟夫还是 IPv6[②] 论坛的名誉主席，为唤起公众注意并加速新互联网协议的引进，他做出了许多杰出的贡献。2002 年 7 月，温顿 · 瑟夫发表言论说，

---

① 鲍勃 · 卡恩（Bob Kahn），1938 年 12 月出生，美国计算机科学家。本名为罗伯特 · 卡恩（Robert E. Kahn），鲍勃 · 卡恩是他的别称。他发明了 TCP，并与温顿 · 瑟夫一起发明了 IP。这两个协议成为全世界因特网传输资料所用的最重要的技术。他是公认的“互联网之父”之一，2012 年入选国际互联网名人堂。

② IPv6，全称为 Internet Protocol Version 6，即互联网协议第六版。IPv6 是国际互联网工程任务组（IETF）设计的用于替代现行版本 IP（IPv4）的下一代 IP。

互联网是为每个人服务的，因此每个与互联网相关的人都应当对它负责，不管是使用互联网的用户、构造互联网的技术人员，还是利用互联网赚钱的企业以及试图控制互联网的政府。虽然互联网设备的数量增长非常迅速，也许很快就会超过人口的数量，但实际上仍有太多的人没能用上互联网。瑟夫向互联网用户和开发商发出呼吁，希望他们能够为拓展互联网承担更多的责任，使互联网能够更安全、更廉价地被更多的人使用，他同时希望互联网用户也能够成为互联网世界的“好公民”：“我希望人们能够时刻提醒自己，网络的另一端有着和你一样的人，千万不要把互联网当成一个虚幻的网络。”

“温顿·瑟夫扮演了许多角色，但他更像是21世纪的文艺复兴者。他部分是科学家，部分是工程师、哲学家、商人，但最重要的是他还是一名伟大的启蒙者。”温顿·瑟夫多年的老板这样评价他。

对于这样一位伟大的“互联网之父”，仅仅访谈一两次肯定是不够的，在第三次访谈开始前，我和“互联网口述历史”项目的同事们说：“这一次两个小时访谈，如果能够围绕他小时候的成长历程深挖，那就精彩了。”果然，开车4个多小时前去的同事，让第三次访谈非常出彩，可以说是迄今最成功的访谈之一。整整两个小时，访谈者高水平地发挥，引导温顿·瑟夫的记忆徐徐展开：祖父祖母、父亲母亲、两个弟弟，还有小时候的朋友。他的祖父是保险公司副总裁，所以温顿·瑟夫从小家庭条件优越，没有吃过苦，唯一负面的记忆就是有一次老师说他的作业抄袭别人，受了冤枉。当然，最突出的就是作为早产儿的他，落下听觉缺陷。这也使得他与世界的沟通方式与众不同，1971 年电子邮件被发明，这种无须提供声音的沟通方式无疑受到了他格外的青睐。瑟夫讲述了学校老师的影响，也讲述了当年的女朋友，还有在欧洲遇到的金发美女，当然，更动人的是他和他妻子的故事。他回忆的自己的成长历程和斯坦福大学的生活，也格外精彩，生动丰富。

总之，2018 年 8 月 31 日的这次访谈，真正达到了我们“互联网口述历史”项目的最高境界：我们不仅仅关注这些互联网先驱的成就本身，更重要的是挖掘这些成就背后的驱动力和原因。为什么是他们？他们有什么与众不同？每一个细小的回忆都充满了信息，让我们感受到黑客精神与科学精神有很多一脉相承的东西。温顿·瑟夫甚至还在研究如何通过生物学机制找到一种安全能力，从而建立能媲美生物免疫系统的网络防御系统，它能够检测到入侵者并防御入侵者。

如果把科学精神放在整个互联网的发展中来看，就能发现所谓的互联网精神，自由、开放、平等、共享，这几个核心关键词跟科学精神是重合的。走近这些互联网英雄，用心聆听和深入挖掘历史背后的故事，才能总结得到很多关键的经验和教训。这些启示，对于我们正确面对当下和未来的挑战，至关重要。

不知不觉，两个小时到了，我们还需要更多次的访谈，才能更全面深入地展现这位“互联网之父”的人生。期待下次再聊！

获得总统自由勋章后，温顿·瑟夫与家人在白宫合影

温顿·瑟夫获得英国女王伊丽莎白工程奖

人物生平

温顿·瑟夫，TCP/IP 和互联网架构的联合设计者之一，美国工程院院士，谷歌副总裁兼首席互联网布道官（Chief Internet Evangelist），IPv6 论坛的名誉主席。

1943 年 6 月 23 日出生于纽黑文市（康涅狄格州）。1965 年毕业于斯坦福大学，获得理学学士学位。1967 年考入加州大学洛杉矶分校，先后取得计算机科学硕士学位和博士学位。

2001 年，温顿·瑟夫，与其他三位科学家——伦纳德·克兰罗克（Leonard Kleinrock）、拉里·罗伯茨（Larry Roberts）和鲍勃·卡恩（Bob Kahn）一起获得美国工程院德雷珀奖（National Academy of Engineering Charles Stark Draper Prize），并一起被称为“互联网之父”。

温顿 · 瑟夫对互联网贡献巨大，获得的荣誉学位和奖项包括美国国家技术勋章、美国总统自由勋章、图灵奖（A. M. Turing Award）以及马可尼奖等。

温顿 · 瑟夫领导开发了 MCI 邮件服务，这是世界上第一种连接到互联网的商用电子邮件服务。目前他正致力于加速新互联网协议引进。

温顿·瑟夫个人兴趣广泛，喜欢社交、红酒、阅读、绘画、古典音乐、大提琴、集邮、集币等。

第一次访谈

访 谈 者：方兴东、钟布

访谈地点：弗吉尼亚州里斯顿·谷歌

访谈时间：2017年8月7日

访谈者：今天是 2017 年 8 月 7 日。我们非常有幸在位于弗吉尼亚州里斯顿的谷歌公司采访温顿·瑟夫博士。

温顿·瑟夫：我叫温顿·瑟夫，我是谷歌副总裁兼首席互联网布道官。

访谈者：我读了很多关于您的访谈，但是关于您童年的内容却很少。我知道您有一点听力问题，但是对您童年的其他部分却一无所知。所以您能告诉我们您的童年是什么样的吗?

温顿·瑟夫：我是提前六个星期出生的早产儿，一出生就被放进了保温箱，我一出生就有听力问题。有些人认为，我的听力问题是渐进性的损失，可能是由此造成的。然而，直到我十几岁的时候，这一点并不是很明显。我的童年是在洛杉矶的圣费尔南多谷度过的。我有两个弟弟，他们都比我小，一个小我 5 岁，另一个小我 8 岁。

温顿 · 瑟夫与大弟弟

访谈者：那您的父母呢？

温顿·瑟夫：我母亲的名字叫穆里尔·瑟夫（Muriel Cerf），我父亲也叫温顿·瑟夫（Vinton T. Cerf）。我的父母都是大学生，他们毕业于俄亥俄州的迈阿密大学。二战结束后，他们搬到了洛杉矶，我是在那里长大的，所以我本质上是一个来自洛杉矶北部的圣费尔南多谷的年轻人。

访谈者：那您父母是做什么的呢？

温顿·瑟夫：我的父亲在北美航空公司（North American Aviation）的培训工作中负责人事管理，具体地说，他在洛克达因公司，该公司制造了执行阿波罗计划的土星五号火箭。我在那里工作过，事实上，我父亲在北美航空公司工作的一大好处就是我暑假可以在火箭原子国际空间和信息系统自动化部门工作。它几乎在北美航空公司的所有部门中都起作用。我开始研究阿波罗计划的F1引擎，分析它所做的测试，看看发动机是否会在燃料耗尽之前保持不动，只要坚持到德国人所称的“可能”，即“燃烧结束”之后便不重要了。所以，这是一个非常幸运的连接。我的母亲是受过文科教育的，所以她会拉丁文和希腊文。她是法裔加拿大人，喜欢古典音乐，这也激发了我对古典音乐的喜爱。她鼓励我拉大提琴，我拉了一段时间，直到我把注意力转向计算机领域。之后又把注意力转向了别处。

访谈者：他们会命令您应该读这个或应该这样做吗？

温顿 · 瑟夫：不，不，我的父母一点也不独裁。他们只是鼓励我探索自己的想法和兴趣。互联网出现之前，在家里和图书馆里我都可以看书。我的父母非常支持我的学业，鼓励我在学业上要做好，我在家里阅读了大量书籍。所以，我的童年既舒适又刺激。

访谈者：您的父母对您影响大吗？

温顿 · 瑟夫：我的父亲在大学里的表现很好，他是美国大学优等生荣誉学会的会员。我总觉得我得争取做到像他在学校时做的那样好。

访谈者：那您在学校的表现怎样？

温顿 · 瑟夫：我非常喜欢学校。对我来说，学习新事物是一种冒险。五年级的时候，我记得我对当时正在学习的数学很厌烦。我向我的老师抱怨说，除了加、减、乘、除以及分数之外，我必须学更多知识。他回答说“是的”，并递给我一本七年级的代数书，我在暑假里把书中所有的问题都解决了并且乐在其中。我 10 岁的时候，从街对面的好朋友斯蒂芬·克罗克[①]那里得到了一套化学装置，我们做了各种化学实验，甚至鼓捣出了硝酸甘油，这是一件很愚蠢的事情，幸运的是没有发生爆炸，我们在这个过程中没有杀死自己。但我对这一切都很着迷。我读了科学杂志《美国人》，虽然没有完全理解杂志内容，但我相信自己将成为核物理学家或粒子物理学家。我喜欢数学和化学，并且在高中时成绩很好。

在圣费尔南多谷地区上范纽斯高中（Van Nuys High School）时，我与斯蒂芬·克罗克成为至交，他现在是互联网名称与数字地址分配机构[②]的主席。不少范纽斯高中的

---

① 斯蒂芬·克罗克（Stephen Crocker），1944年出生，早期互联网标准的制定者，组建了国际网络工作小组（INWG），也就是国际互联网工程任务组的前身。也是RFC（征求修正意见书）系列备忘录的开发者，RFC被用来记录和分享协议的开发设计。他还是互联网名称与数字地址分配机构董事会前主席。在2012年入选国际互联网名人堂。

② 互联网名称与数字地址分配机构（The Internet Corporation for Assigned Names and Numbers，缩写为ICANN），成立于1998年10月，是一个集合了全球网络界商业、技术及学术各领域专家的非营利性国际组织，负责在全球范围内对互联网唯一标识符系统及其安全稳定的运营进行协调。现在，互联网名称与数字地址分配机构行使互联网数字分配机构（IANA）的职能。

校友都从业于互联网，如乔恩 · 波斯特尔[①]，他是收集互联网 RFC[②]的编辑。还有戴维 · 斯科顿（David Skorton），他是美国史密森学会（Smithsonian Institution）的现任秘书长，也毕业于范纽斯高中，不过比我晚一点。很多上过范纽斯高中的人都和互联网有很深的关联，所以这是它的一个非常独特和迷人的地方。

访谈者：我开始想象，您在学校很调皮，很会与人交际，结交了很多朋友，建立了一种友情，就像您和斯蒂芬 · 克罗克那种友谊，从高中开始并且一直持续了很久很久。那么，您年轻时过得很愉快吗？

温顿 · 瑟夫：嗯，我当时有点怪，因为我很叛逆。上学穿着运动衣和休闲裤，系着领带，还拿着公文包。没有人那样穿，但我不想跟其他人一样。

---

① 乔恩 · 波斯特尔（Jon Postel），1943 年 8 月出生，发明互联网的功臣之一，协议发明大师，互联网数字分配机构创始人。于 1998 年 10 月 16 日逝世。

② RFC，即征求修正意见书，Request for Comment 的缩写，用来记录和分享协议开发设计的系列备忘录。斯蒂芬 · 克罗克在 1969 年 4 月 7 日发出了第一份 RFC，题目为“主机软件”。

访谈者：您高中就开始打领带？

温顿·瑟夫：是的，我没有穿三件套，穿的是运动外套和休闲裤，打着领带，这是我叛逆的方式。我不想和其他人一样穿T恤和牛仔裤。我参加了高中的预备军官初级培训计划。所以，我在不穿宽松的运动服时，就穿军装。我非常享受这些，也从这次经历中学到了很多。因为听力问题，我从来没有在军队服役过。但是，至少我从ROTC（美国预备军官训练营）的训练中了解了一些情况。

访谈者：就外在而言，您与别人有点儿不同，就内在而言，您与当时的其他男孩儿有何不同？

温顿·瑟夫：嗯，这很难说，因为你永远无法弄明白一个人内在的心思。

访谈者：在某种程度上，这也反映了您的个性。

温顿·瑟夫：也许。我和其他高中生一起参加社交活动时完全没问题。

访谈者：我在想，您穿成那样，人们会说："哦，我的天哪，这是一个怪人。"您会吓跑女孩，或者……

温顿·瑟夫：哦，不，我没有吓跑女孩们。我跟她们成了朋友。我真的很惊讶，因为我的化学实验搭档是一个女孩，她是学生会主席。她竟然愿意和一个书呆子约会。但事实证明她也是一个书呆子。这很般配。

访谈者：您是怎样交到这么多朋友的？

温顿 · 瑟夫：高中时我有很多朋友。我的意思是，我们一直保持联系，其中认识时间最长的已经超过 50 年了。我在高中结识的朋友，甚至比大学时代的还要多。而且，我们现在仍然很亲近。

访谈者：话说回来，您那时穿正装。我不太了解当时对着装的要求，这比高中的一些老师穿得更正式吗？或者大家都穿？

温顿 · 瑟夫：不，我认为老师不会，不管怎样，男教师并不总是打领带。很难回想起来，有些人穿得很正式。我认为穿着得体是我表现对他人尊重的一种方式。

访谈者：尊重老师，还是学习？

温顿 · 瑟夫：尊重老师。我在华盛顿居住了 41 年，当出现在国会议员办公室、参议员办公室或副总统办公室时，我绝对要穿着得体，我认为这代表着对他人的尊重。

访谈者：您的两个弟弟会模仿您的穿着吗？

温顿·瑟夫：完全没有。他们比我更加随意。但他们在高中时都被选为了学生会主席。所以，他们显然与自己的伙伴关系很亲密。每个人做事的方式都有点不同。

访谈者：您更像是男孩子中的领导者？

温顿·瑟夫：你知道的，如果你是家里最大的孩子，你会像父母照顾你一样去照顾弟弟们。所以，我为弟弟们承担了一些责任。

访谈者：可以和我们说说您的大学吗？还有您在哪里读的博士？

温顿·瑟夫：高中毕业后，我进入斯坦福大学读数学专业，然后在那里完成了我的本科学位。接着我在IBM（国际商业机器公司）驻洛杉矶的公司工作了两年。但在这两年后，我意识到我需要回到学校学习更多的知识，比如计算机体系结构、操作系统设计、编程语言、编译器等诸多方面的知识。所以我进入了加州大学洛杉矶分校读计算机科学专业的研究生。

访谈者：是因为您的朋友斯蒂芬·克罗克？

温顿 · 瑟夫：斯蒂芬 · 克罗克向我介绍了他的论文导师杰里 · 埃斯特林（Jerry Estrin），因此杰里也成了我的论文导师。

访谈者：我也在大学教书。我见过很多年轻人是如何交朋友的，我知道有人结交了很多好朋友，他们的友谊能持续很长时间。他们可能不是很受欢迎，但总是和周围最优秀的人交朋友，您认为您是这样的人吗？还是不想轻易与别人交朋友？

温顿 · 瑟夫：嗯，我想总的来说，我很容易相处。我上的课通常是高级课程。你知道的，俄罗斯人 1957 年 10 月 4 日发射了人造卫星，美国的反应除了震惊之外，就是要提高高中的教育水平，尤其是科学、技术、工程、数学的教育水平。所以，1958 年年初，我进入高中的时候，学了所有的高等数学、化学和生物等课程。班上有些同学，和我一起上课的同学，都是很有学术能力的人。我们很有共鸣，至少我是这样认为的。我的意思是，我确信他们认为我是个书呆子，结果是我代表班级在毕业典礼上致辞。我平均成绩很好，我的一些最好的朋友都是我在高中认识的，我们一直保持着联系。

访谈者：您大学去了斯坦福大学，而不是东海岸的麻省理工学院，也没像其他人一样选择哈佛大学或普林斯顿大学，您是如何做出决定的？

温顿·瑟夫：嗯，这是一个有趣的故事。因为我13岁的时候，就已经上八年级了。我父亲有一个朋友在斯坦福国际咨询研究所[①]工作，当时，它被称为斯坦福研究所。我父亲的朋友邀请我去斯坦福大学参观。我们就去了学校，遇到了一些教授。我记得那时我上八年级，虽然大学对我来说还很遥远，但我确信斯坦福大学就是我最想去的大学，这是一个美丽的校园，我遇到的人都很聪明，他们充满活力和热情。但是大学的费用很高，那时斯坦福大学每年的学费是2500美元，相当于今天的5万美元。幸运的是，我可以申请北美航空公司的奖学金，我申请到了四年的斯坦福大学奖学金，大约1万美元。这样我就能负担

---

① 斯坦福国际咨询研究所（Stanford Research Institute International，缩写为SRI International），原名斯坦福研究所，是美国最大、最著名的民间研究机构之一，在世界上享有盛誉，被推崇为“世界上具有第一流水平的研究所”。1946年由斯坦福大学创建，成立后一直受到西部财团的监督和资助。20世纪50年代中期，它的活动扩及美国东部，争取到东部洛克菲勒等财团的支持。1970年脱离斯坦福大学独立，1977年改称现名。

得起去那里的学费了。现在回想起来，这些钱的来源很戏剧性。

访谈者：说起斯坦福大学，它那么有名，您当时还是一名八年级学生，距离大学还有 4 年时间，是什么让您感到印象深刻？

温顿 · 瑟夫：嗯，好几件事。首先，我遇见的那个人，就是我父亲的朋友，他是一位化学家，我很乐意跟他谈论化学和他所知道的事情，当时我对化学仍然很感兴趣，在斯坦福大学的校园里依旧如此。但我遇见的大部分教授都是数学系的人，而且，我对数学也非常着迷。我在高中时成绩很好，事实上，我还在高中时，就不得不在加州大学洛杉矶分校学习微积分课程，因为那几年高中不教微积分。因此，我和认识的斯坦福大学教授们产生了共鸣，他们热衷于让学生去学数学课程。

访谈者：那您毕业之后去了哪里工作？在那里怎么样？您的工作是什么？

温顿 · 瑟夫：嗯，这很有趣，因为 1965 年我去洛杉矶面试，IBM 录用了我，那时我刚从斯坦福大学毕业。弗雷德 · 布鲁克斯（Fred Brooks）领导开发了全新计算机体系结构——

IBM360[①]，它是个顶级品牌，1965 年正是这些东西发布的年份。尽管那时我并不知道弗雷德是领导开发 IBM360 的人，但这也不妨碍我打算安装IBM360-91[②]，我对此感到很兴奋。本来我打算去洛斯阿拉莫斯国家实验室[③]工作，就在准备去的前几天，IBM 打电话来说："我们希望您留在洛杉矶，在威尔士郡大道的洛杉矶数据中心负责运行一个分时系统。"不过那是一台 IBM7044 机器，有点像 IBM7094 的表兄弟，但它是以前的技术，不是 IBM360。我记得我有点失望。但另一方面，在当时，分时系统是相当新的，大概于 1963 年在麻省理工学院被发明，约翰·麦卡锡[④] 是其主要支持者之一。到

---

① 20 世纪 60 年代初，弗雷德·布鲁克斯主持设计了在计算机发展史上具有里程碑意义的 IBM360，并将"架构"一词引入计算机。

② IBM360-91，IBM 系统 360 的模型 91 是 20 世纪 60 年代中后期世界上最大、最快、最强大的计算机。

③ 洛斯阿拉莫斯国家实验室（Los Alamos National Laboratory，缩写为 LANL），简称阿拉莫斯实验室。建立于 1943 年，曾云集大批世界顶尖科学家，其建立者包括"原子弹之父"奥本海默、"氢弹之父"爱德华·泰勒以及诺贝尔物理学奖得主欧内斯特·劳伦斯。这里发明了世界上第一颗原子弹和第一颗氢弹，是著名的科学城和高科技辐射源。

④ 约翰·麦卡锡（John McCarthy），1927 年 9 月出生，计算机科学家，被称为"人工智能之父"，Lisp 语言发明者，因在人工智能领域的贡献而在 1971 年获得图灵奖。于 2011 年 10 月 24 日逝世。

1969年，温顿 · 瑟夫在斯坦福大学参加AEC会议

1965 年，IBM 在洛杉矶数据中心运行一个商业分时系统。所以，我成了一个系统工程师。这是件好事，原因是我得深入研究操作系统，学习清单涵盖了所有汇编语言，以及数量众多、内容丰富的列表和 132 篇专栏文章。我把这些资料带回家，阅读它们，尽力了解这个系统是如何运作的。我学习得很好，甚至发现了一些我能修复的错误。但是我选择留在洛杉矶更重要的一点是，我在 1965 年 11 月遇到了我的妻子西格丽德（Sigrid），那是我在 IBM 工作了几个月之后。我想让你知道事情进展得有多顺利，我们在 1966 年就结婚了，2016 年我们庆祝了 50 周年结婚纪念。

访谈者：那时候您妻子做什么工作？

温顿·瑟夫：现在她已经退休了。之前她一直是一名室内设计师。她的工作就是所谓的"渲染"，向人们展示餐厅或办公室内部的样子。如果你看不懂蓝图，就不知道地毯和窗帘是什么样子的。西格丽德，我的妻子，会做出一个透视图来描绘它的样子，帮助客户了解室内设计师提出的设计，她是个艺术家。她做了几年，直到 1973 年我们的第一个孩子出生。

访谈者：你们是怎么认识的？

温顿 · 瑟夫：那是很有趣的故事。我遇见她时，她几乎全聋了，1946 年，她 3 岁时，因为脊髓脑膜炎失去了听力，但她会唇读。为了听到一些低频的声音，她戴着一个圣安东尼公司的助听器。她听不到任何高频声音，因为所有的音调都是高频的，她不得不学习唇读。在那时候，我也用过这个经销商的助听器。我从 13 岁起就一直戴着两个助听器。

访谈者：您在 13 岁以后就开始有听力问题了？

温顿 · 瑟夫：12 岁或 13 岁时，我开始戴助听器，因为我的听力很明显在衰退，所以我需要辅助技术。碰巧我们俩选择的是同一个助听器经销商，这位经销商让我某个星期六过去，让我妻子也在那个星期六过去，介绍我们认识以后他就走了，然后他关闭了商店。我们站在威尔希尔大道的人行道上。我想，哎呀，她很可爱，也许我们应该去吃午饭。所以我们一起吃了午饭。就在那时我发现了她是个艺术家。洛杉矶艺术中心就在街对面的一个街区，吃完午饭后她说："我们为什么不去看看我最喜欢的一些画呢？"她带我去看她最喜欢的一些画，其中一幅是康定斯基[①]的画，我看了一会儿，说:“你知道嘛，这看起来像一个飘浮的绿色汉堡包。”此时，如果这是一部电影，观众们就可以开始选择和做决定了，“这个家伙太庸俗了，毫无希望，我应该忘记他”，或者是“他还可以补救的”。幸运的是，她认为我是可以补救的。所以，我们在那之后继续约会。

访谈者：您在那天一定穿得很整洁吧?

温顿·瑟夫：实话实说，我不记得了，那天应该是个星期六。让我想想，我那时在IBM工作，穿西装，白衬衫，打领带去上班，我会说这是IBM风格。

访谈者：在那特别的一天，她有什么地方吸引住了您?

温顿·瑟夫：嗯，我觉得她对她的工作非常有热情，并且她真的很漂亮。更重要的是，她真的是一个很好的人。

访谈者：那她对您的第一印象怎么样?

---

① 瓦西里·康定斯基（Wasslly Kandinsky），1866年12月出生于俄罗斯。画家，美术理论家，被认为是抽象艺术的先驱。

温顿·瑟夫：嗯，很明显，她对我的印象非常好。因为她完全忘记了需要送她妈妈去机场，所以她妈妈错过了航班，这对于我未来的岳母来说不是好的第一印象。但不管怎样，她一定对我非常感兴趣才会忘记了送她妈妈去机场。

访谈者：我无法想象，她有多吸引人，那后来她是怎么向她妈妈解释的？

温顿·瑟夫：我真的不知道她说了什么，她可能就是告诉她妈妈她遇到了一个男人，然后忘了。她妈妈对这一点肯定感觉不好，但我们见面时，她并没有责备我，也没有摇着手指对我说："你知道，你把我的飞机旅行搞砸了。"

访谈者：那会儿这件事还是很严重的，飞机旅行也相当严肃。您从高中就开始交朋友，在那里发展友谊。您的友谊如何？在斯坦福大学、IBM 和加州大学洛杉矶分校时遇到过什么交友问题吗？您会有更多学习上的朋友，或者，您的生活怎么样？

温顿·瑟夫：我认为自己和 IBM 的同事没有太多的工作之外的交往。然而，在加州大学洛杉矶分校，作为研究生，情况就不同了，我们当中一起从事阿帕网[1]项目的人非常亲近。还有其他大学项目的一部分人。事实上，我认为这是美国高级研究计划局做出的一个非常有趣的决定。通常，每年主要的科研人员，例如克兰罗克[2]，会聚在一起开会，高级研究计划局会审查他们的项目进展。后来，他们认为也许真正从事这项工作的研究生应该在没有首席研究员的情况下见面。所以，美国高级研究计划局把200多名研究生带到宾夕法尼亚州待一个周末或三天左右的时间，我们就有机会告诉对方彼此在做什么。而且，这群人在那一段时间内增进了感情。从那以后的50年里，我们一直保持着联系。当然，有些人已经去世了，但我们已经认识很长一段时间了。斯蒂芬·克罗克在那里，和我一起，我想波斯特尔也在那里，杰夫·威尔逊也在；还

---

① 阿帕网，20世纪80年代的美国网络不叫互联网，而叫阿帕网（ARPAnet）。所谓"阿帕"（ARPA），是美国高级研究计划局（Advanced Research Project Agency）的简称。其核心机构之一信息处理技术办公室（IPTO）一直在关注电脑图形、网络通信、超级计算机等研究课题。阿帕网是美国高级研究计划局开发的世界上第一个运营的封包交换网络，它是全球互联网的始祖。

② 伦纳德·克兰罗克（Leonard Kleinrock），1934年出生，美国工程师和计算机科学家，加州大学洛杉矶分校工程与应用科学学院计算机科学教授。列队理论早期研究者之一，奠定了分组交换基础，也是公认的"互联网之父"之一。2012年入选国际互联网名人堂。

有很多最终成为创建互联网或从事与之相关事情的一部分人。这些人中的一些人后来去了施乐帕克研究中心[①]，那是20世纪70年代早期位于旧金山湾区的另一个重要创新中心。这就是美国高级研究计划局建立的社会技术联系社区的结合点。自那以后的很多年，我和这些朋友一直保持联系。

访谈者：您很擅长和与您研究背景相似的人交朋友。您和与您背景不同的人如何交往呢？您在斯坦福大学或者加州大学洛杉矶分校是社交达人吗？

温顿 · 瑟夫：我想我们必须分时间段分析一下。我兴趣很广，阅读很广泛，喜欢历史、传记，也读了很多科幻小说。我认识和交往的朋友很广泛。在我生活的这个阶段，我在我们的社区和技术社区之外，与一些相当重要的推动者交了朋友。在加州大学洛杉矶分校学习期间，我的主要精力放在完成论文和阿帕网的工作上。在斯坦福大学，我

---

① 施乐帕克研究中心（Xerox Palo Alto Research Center，缩写为 Xerox PARC），是施乐公司于 1970 年所成立的最重要的研究机构，位于加利福尼亚州的帕洛阿托市（Palo Alto）。施乐帕克研究中心是许多现代计算机技术的诞生地，研发成果包括个人电脑、激光打印机、鼠标、以太网等。

专心致力于互联网，没有那么多社交活动，但是教员中有我的朋友。我的一些学生成了我的终身朋友，尤其是在 TCP 规范工作中与我来往非常密切的学生，比如约根·达拉勒（Yogen Dalal）和卡尔·森夏恩（Carl Sunshine），我们在 1974 年的论文中构建出了未来互联网的两个核心概念：IP 和 TCP。我的一些高中朋友，像理查德·卡普（Richard Karp），不是加州大学伯克利分校获图灵奖的那位，是斯坦福大学的理查德·卡普，我们从高中起就一直是朋友。我把理查德带进实验室，他打破了第一个 TCP 和 BCPL[①] 协议。朱迪·埃斯特林是我的论文导师杰里·埃斯特林的女儿，也是我在斯坦福大学的研究生。从那时起，我们就一直是朋友，还有她的两个姐妹，马戈和黛博拉。当然，杰里·埃斯特林一直是我的朋友，直到他去世，他的妻子也是我的朋友。您知道，我与一些主要专业工作之外的人有着很好的联系，还有一些

---

① BCPL，全称为 Basic Combined Programming Language，是一种早期的计算机系统开发的高级语言。1967 年由剑桥大学的马丁·理察兹（Martin Richards）在同样由剑桥大学开发的 CPL 语言上改进而来。BCPL 最早被用作牛津大学的 OS6 操作系统上面的研发工具，后来通过美国贝尔实验室的改进和推广成为 UNIX 上的常用开发语言。BCPL 本身并没有被使用太长时间，C 语言和 C++ 后来成为最流行的高级语言。

熟人，我不想夸大这一点，但是，我和吉恩 · 罗登伯里[①] 的儿子罗德（Rod）已经成为熟人了。我和他的母亲玛婕尔 · 巴雷特（Majel Barrett）曾一起工作过，在吉恩 · 罗登伯里去世后，她在他创作的电视连续剧《星际迷航》中为名为“企业号”的计算机配音，从而使那些电视剧再次流行起来。我仍然是古典音乐的爱好者。当我有空的时候，我会去听音乐会，或听收音机里的古典音乐。

访谈者：您与教授相处得如何？

温顿 · 瑟夫：我想我和所有人都相处得很好，特别是和一位在斯坦福大学教微积分课的老教授。我记得特别清楚，他叫哈罗德 · 培根，已经去世了。他在课堂上决不容忍任何人胡言乱语，如果你衣着不整走进教室，他会把你赶出教室；如果你带了一份报纸，他会叫你离开教室去读报纸，因为上他的课不是来看报纸的。另一方面，他是一位出色的老师。毕业后我一直和他保持联系。当然，随着

---

① 吉恩 · 罗登伯里（Gene Roddenberry），1921 年 8 月出生，美国飞行员、编剧，是科幻电视系列剧《星际迷航》的制作人，也是最早葬于太空的人之一。于 1991 年 10 月 24 日逝世。

时间的流逝，研究生们也在逐渐变老，最终谁也不能真正区分开来谁更优秀，我认为他们一样优秀。我的一些研究生已经在各自的领域和商业上做得很出色。在我读研究生的时候，我父亲去世了，杰里·埃斯特林在我做毕业论文工作时，几乎成了我的第二个父亲。在他的余生里，我们都是好朋友。

访谈者：在所有的“互联网之父”中，您是最有名的，获得了很多媒体的关注，也有很多人记住了您。在您的理解中，您认为谁是“互联网之父”？

温顿·瑟夫：如果明确地说，有成千上万的人。如果不是因为这么多人想让互联网的出现成为现实，互联网不会有它现在的规模。但是有人出现在最早的阶段，也就是在互联网设计出现之前，还有另一个叫作阿帕网的网络，它由美国国防部赞助，是美国高级研究计划局的信息处理技术办公室[①]负责的项目。他们想到应该找到一种将计算机连

① 信息处理技术办公室（Information Processing Techniques Office，缩写为 IPTO），美国高级研究计划局的核心机构之一，关注电脑图形、网络通信、超级计算机等研究课题。

接在一起的方法，这种方法被计算机科学部门用于为美国高级研究计划局研究人工智能，一般来说，就是计算机科学。像麻省理工学院、斯坦福大学和卡耐基梅隆大学这样的学校每年都会要求使用世界一流的计算机。即使是美国高级研究计划局也负担不起为每一所它赞助的学校提供一台新电脑来用于研究。所以他们说："我们要建立一个网络，并且人们必须分享自己的资源。"当然，每个人都讨厌这个想法，但是他们决定无论如何都要建立这样的网络。他们选择使用现在被称为分组交换[①]的技术。这项技术和利用电路交换建立电话网的技术有很大的不同，但现在不是谈论这两种技术具体差异的恰当时机。你可以把分组交换当作电子明信片，因为明信片像分组交换一样有很多特性，就是处理一些内容的两个地址。一个叫作 BBN [②]的公司建立

① 分组交换（Packet switching），又称包交换，是将用户传送的数据划分成一定的长度，每个部分叫作一个分组（Packet）。每个分组的前面有一个分组头，用以指明该分组发往何地址，然后由交换机根据每个分组的地址标志，将其转发至目的地，这一过程被称为分组交换。

② BBN，即 Bolt，Beranek and Newman 公司的缩写，是一家位于美国马萨诸塞州的高科技公司，建立于 1948 年，由麻省理工学院教授利奥·贝拉尼克（Leo Beranek）、理查德·博尔特（Richard Bolt）与其学生罗伯特·纽曼（Robert Newman）共同创建。因为取得美国高级研究计划局的合约，它曾经参与阿帕网与互联网的最初研发。现为雷神公司的子公司。

了阿帕网。所以，这里不得不提及一些人，阿帕网的第一个网点于 1969 年 9 月安装在加州大学洛杉矶分校，在伦纳德·克兰罗克实验室，克兰罗克被指派运行网络测量中心，使用列队理论[①] 对分组交换进行数学建模；来自林肯实验室的拉里·罗伯茨[②]为美国高级研究计划局指导阿帕网项目；鲍勃·卡恩是阿帕网的首席设计师之一；我是主要程序员之一；斯蒂芬·克罗克指导阿帕网主机协议开发项目；乔恩·波斯特尔最终成为 RFC 系列的编辑，还有弗兰克·哈特[③] 和其他人。创建阿帕网的团队大约有 30 人。他们共同创造了互联网的前身——阿帕网，都获得了一定的知名度和荣誉。

---

① 列队理论（Queuing Theory），是研究系统随机聚散现象和随机服务系统工作过程的数学理论和方法，又称随机服务系统理论，运筹学的一个分支。列队理论通过“时间共享”能让多个用户在各自的终端上与计算机直接对话并马上得到结果，省去排队等候的麻烦。

② 拉里·罗伯茨（Larry Roberts），1937 年 6 月出生，美国工程院院士，互联网前身——阿帕网的总设计师，是公认的“互联网之父”之一。2012 年入选国际互联网名人堂。于 2018 年 12 月逝世。

③ 弗兰克·哈特（Frank Heart），美国计算机科学家，1947 年进入麻省理工学院攻读电力工程，毕业后参加“旋风”电脑研制工程，在林肯实验室工作了 15 年，1967 年加入 BBN 公司，哈特带领的小组制造出了世界上第一台接口信息处理机。他为 BBN 工作了 28 年，1995 年退休。

访谈者：请您稍稍回顾一下，回到阿帕网首次建立的时候，基于四个节点和我们熟知的两个节点，是不是直到 TCP/IP 创建，互联网才真正诞生？

温顿 · 瑟夫：我对这个定义有一个疑问，因为互联网的概念，是一个网络群中的网络，不同类型的分组交换网络都是互相连接的。并且还有一个互联网地址空间使得一个网络上的计算机适用于其他网络上的计算机。阿帕网是一个网络，这个系统上的计算机只能识别一种网络，没有办法适用于另一种网络。因此，互联网正好是为了处理多个互相连接的网络。直到鲍勃 · 卡恩和我开始在斯坦福大学所做的工作，这一概念才出现。

我要指出，互联网的真正起源是在阿帕网宣布使用分组交换技术运行之后。鲍勃 · 卡恩离开 BBN，于 1972 年年底加入了美国高级研究计划局。我也是 1972 年年底离开加州大学洛杉矶分校，成为斯坦福大学的一名教职员工，也成为计算机科学和电气工程系的一员。1973 年春天，鲍勃 · 卡恩从美国高级研究计划局来到了我在斯坦福大学的实验室，对我说："我们遇到了问题。"我的反应是："你说'我们'是什么意思？"他回答，美国高级研究计划局已经得出结论，我们应该使用分组交换作为命令和控制应用计算机的一种手段，让它成为指挥和控制系统的一部分。鲍勃说，如果我们认真对待这个问题，我们必须弄清楚如何在移动操作中进行这种分组交换。计算机势必将用于坦克和移动车辆中，以及飞机和海上的船只上，国防部也将使用所有这些设备，除了用于固定位置，他们要用阿帕网中的所有计算机的所有设备。因此，我们必须弄清楚如何构建一个系统来处理所有不同类型的设备。所以，在他进入美国高级研究计划局之后，他一直在研究移动分组无线电系统和分组卫星系统。然后问题是我们如何将分组无线电、分组卫星和阿帕网连接起来，使它看起来像一回事儿。这就是我们研究的问题，过了六个月左右的时间，到了 1973 年 9 月，我们已经发明了一种架构，这种技术能使这种任意的大量的分组交换网以一定的方式互相连接。所有不同网络的主机会把它当成一个统一的系统，尽管它不是。它是由众多网络组成的一个网络，所以从某种意义上说，我觉得真正的互联网设计是在那个时期出现的。或许伦纳德·克兰罗克和斯蒂芬·克罗克认为阿帕网是互联网的起源。客观地说，如果阿帕网没有成功，我们就不会发明互联网，两者之间有着不可抹杀的明确关联。但是有一个问题，大多数人并不知道阿帕网，公众所熟知的互联网并非阿帕网。阿帕网是在加州大学洛杉矶分校开始形成的，而我强烈认为互联网是在斯坦福大学发明的。

因此，我非常接受“阿帕网是互联网起源的一部分”这一说法，它的成功为互联网做出了巨大的贡献。如果没有阿帕网的成功，我们就不可能完成剩余的互联网设计工作。但我真的不认为“阿帕网是互联网的起源”这一说法是公平的，因为今天的互联网的定义是 TCP/IP 的使用。如果不考虑别的原因，这确实对它的诞生有很大的影响。

访谈者：非常感谢！一般来说，人们把四个人看作“互联网之父”，包括您，还有拉里 · 罗伯茨、伦纳德 · 克兰罗克和鲍勃 · 卡恩。您同意吗？或者您是怎么想的？

温顿 · 瑟夫：毫无疑问，我们四个人做了很多。但是，斯蒂芬 · 克罗克领导了网络工作组，创建了阿帕网的原始主机协议，其他人都不知道该怎么做。所有的关注都集中在网络运行上，BBN 负责这一点，这也正是拉里 · 罗伯茨所推动的，但是接下来该如何处理与之相连的计算机，因为没有计算机和边缘设备的网络将没有太大用处。所以，斯蒂芬在组织这个网络工作组方面获得了巨大的荣誉，这就是为什么他作为一个研究生能推动主机协议设计，然后在远程登录协议中实现文件传输协议，以便远程访问分时系统，他是启动 RFC 系列的人。与他已经得到的相比，斯蒂芬值得获得更多的荣誉。

访谈者：您觉得他应被当作“互联网之父”中的一个吗？

温顿·瑟夫：当然，我认为他必须是其中一个，在某种程度上，我们认为克兰罗克和罗伯茨是互联网历史的一部分，因为他们真正关注的是阿帕网。然后斯蒂芬值得更大的荣誉，出于同样的原因，他推动了基础网络水平以上的协议，在 TCP/IP 的设计过程中，我们确实利用了主机协议中学到的知识。

访谈者：我想，有一天你们会获得诺贝尔奖的。

温顿·瑟夫：诺贝尔奖不被授予任何数学学科，计算机科学被认为是数学的一个学科，所以……

访谈者：但它对社会的影响是巨大的。

温顿·瑟夫：也许吧。但是我们可能获得的两个奖项将是诺贝尔经济学奖和诺贝尔和平奖。鉴于当前互联网界的状态，互联网上不断有战争和恶意软件出现，目前尚不清楚这一环境是否和平，所以我怀疑我们最终是否会获得这样的荣誉。

访谈者：当我们回顾一些您人生中的重要成就时，很多人都认为 TCP/IP 绝对是您职业生涯的亮点。但是除此之外，您也取得了很多的成就，如果您回顾过去，您认为自己职业生涯的亮点是什么？

温顿 · 瑟夫：嗯，设计 TCP，然后开发 TCP 是一件大事，它已经变成了一个巨大的全球互联网，为美国高级研究计划局运行互联网程序对我来说是一个巨大的变化，这是一次巨大的机会，因为它给了我更多的空间。我在美国高级研究计划局工作了六年，除了参与互联网项目外，还负责分组无线网、分组卫星和“包”安全项目，所以这是我职业生涯的一个重要部分。然后，我进入私营部门为 MCI 公司[①]工作，并创建了名为 MCI 邮件（MCI mail）的东西，它是一项 1983 年的商业电子邮件服务，坦率地说，这项服务可能早了 10 年。当时有电子邮件服务，例如 CompuServe。由拉里 · 罗伯茨创办的远程网，当他离开美国高级研究计划局的 TeleMail 时，他拥有 OnTime，也就是

---

① MCI 公司，一家美国电信公司，现为威讯（Verizon）通信公司的子公司。

另一个商业电子邮件服务。但是每一个项目都是独立的，被隔离了的，它们不能交互。所以，我为鲍勃·哈查里克做了 MCI 邮件，他离开了 TimeNet 到 MCI 公司，雇用我做 MCI 邮件。从 1983 年年初到 1983 年 9 月 27 日，我们花费了大约 9 个月的时间把这些服务合并，并且发布。这个项目的有趣之处在于我们打破了一系列关于电子邮件的规则，基本上，它能使人们编写的电子邮件发送给其他 MCI 邮件接收者或其他电子邮件接收者，我们预想，人们可以把邮件发送给其他的 MCI 邮件接收者，或者其他的电子邮件服务的接收者，也可以把邮件发送到电传终端或邮政地址。如果有人写了一封电子邮件，接收地址是一个邮政地址，除了电子投递，我们还会重新打印，把它放进信封，然后寄出去。在那时这是非常先进的，也包括传真在内，我为这一努力感到自豪，它从 1983 年一直持续到 2003 年。

有意思的是，工作了大约 4 年后，我于 1986 年离开了 MCI 公司，重新加入了鲍勃·卡恩的团队。他于 1985 年离开美国高级研究计划局，并创办了一家名为美国国家研究创新机构[①]的公司。我是他的第一个副主席，可能也是第一个员工。我们在互联网技术的应用上合作了 8 年，比如数字图书馆、知识机器人、移动代码等。之后，MCI 公司又在 1994 年把我雇回去，以带领它进入互联网行业，而这次招我回去的，正是上一次代表公司雇用我的鲍勃 · 哈查里克。MCI 公司重新雇用他，让我们合作发展互联网业务。所以，我和我的同事们为 MCI 公司建立了两个互联网系统。一个是商业互联网服务，叫作 MCI Net；另一个是为美国国家科学基金会[②]建立的，被称为 VBNS 超宽带网络服务，这是为了实验研究而建立的。我们必须做两个系统的原因是美国国家科学基金会关闭了美国国家科学基金会网的主干网，它是我在 1985 开始创建的。他们决定到 1995 年的时候，用户可以购买互联网服务。如果是大学的话，不需要进入

---

① 美国国家研究创新机构（Corporation for National Research Initiatives，缩写为 CNRI），1986 年由鲍勃 · 卡恩创立，是一家为美国信息基础设施研究和发展提供指导和资金支持的非营利性组织，同时也执行国际互联网工程任务组的秘书处职能。

② 美国国家科学基金会（National Science Foundation，缩写为 NSF），美国独立的联邦机构，成立于 1950 年。其任务是通过对基础研究计划的资助，改进科学教育，发展科学信息和增进国际科学合作等办法促进美国科学的发展。

研究网络，可以只购买互联网的接入权限。但是一些大学仍然想在网络上做研究，并赞助了这个额外的网络。最终它变成了 Internet2，这是一个由许多大学组成的非营利性组织，直到今天仍然存在，并且以超宽带的互联网服务运行。

访谈者：那个时候 MCI 邮件也可以称为 MCI 邮局吗？

温顿 · 瑟夫：嗯，我觉得不是这样。我的意思是，我们称它为 MCI 邮件，这是产品名称，它是一个电子邮局。

访谈者：你们发明了这些真是太棒了，你们永远不会停下，一直在做。还有很多这样的例子，比如，从 1999 年到 2007 年，很长的一段时间，您加入互联网名称与数字地址分配机构董事会，担任董事会主席，然后担任互联网名称与数字地址分配机构的首席执行官？

温顿 · 瑟夫：我不是，我当时不是首席执行官，只是董事会主席，从 2000 年开始才担任首席执行官。互联网名称与数字地址分配机构第一任首席执行官是迈克 · 罗伯茨（Michael Roberts），他曾经担任过一段时间斯坦福大学的 CIO（首席信息官），还曾加入过其他非营利性学术机构。我们聘请他成为互联网名称与数字地址分配机构的第一任首席执行官。互联网名称与数字地址分配机构一共有过三四个首席执行官，其中的几个人是在我担任董事会主席期间任职的。斯蒂芬·克罗克现在是互联网名称与数字地址分配机构的董事会主席，过去几年他一直担任董事会主席。自 2003 年以来，他一直在互联网名称与数字地址分配机构任职，将近 14 年，比我在那里的任职时间要长。他担任过各种职务，现在是董事会主席。他的主席任期将于 2017 年年底结束。有趣的是，他和我在很多方面都有过交集。我的意思是，他在我之前去了美国高级研究计划局，他离开后我去了美国高级研究计划局；他住在贝塞斯达，我住在弗吉尼亚州的麦克莱恩。我们现在仍然还会见面。

访谈者：您也参与了国际互联网协会[①]。这是那之前还是之后？国际互联网协会成立时间比互联网名称与数字地址分配机构要早得多。

① 国际互联网协会（Internet Society，缩写为 ISOC），成立于 1992 年 1 月。是一个全球性的互联网组织，在推动互联网全球化，加快网络互联技术、应用软件发展，提高互联网普及率等方面发挥重要的作用。

温顿 · 瑟夫：是的，没错。国际互联网协会成立于1992年。1988年，我在美国国家研究创新机构的时候，还负责国际互联网工程任务组[1]的秘书处，聘请了菲尔 · 格罗斯（Phil Gross）来运营秘书处，他曾是国际互联网工程任务组的前任主席（任期为1986—1993年），现在是秘书处的执行董事。但在那个时候，我被告知支持秘书处的美国国家科学基金会合同将在1990年或1992年结束。因此，我当时的想法是，我们必须创造条件来提供资金，支持秘书处完成国际互联网工程任务组的工作。国际互联网工程任务组大约始于1986年，它的第一次会议在1986年正式举办，互联网于1983年启动。因此，国际互联网工程任务组最初是互联网活动委员会（Internet Activities Board）的一部分，是在我离开美国高级研究计划局之后，我的继任者巴里 · 雷纳（Barry Leiner）创办的。互联网活动委员会有10个组，其中一个是国际互联网工程任务组。我记得，1986年，国际互联网工程任务组第一次正式会议

---

① 国际互联网工程任务组（The Internet Engineering Task Force，缩写为IETF），成立于1985年年底，是全球互联网领域最具权威的技术标准化组织，主要任务是负责互联网相关技术规范的研发和制定。当前的国际互联网技术标准出自IETF。

大约有 20 人参加。所以，不管怎样，美国国家科学基金会不再为秘书处提供资金，所以我告诉鲍勃 · 卡恩，我们需要建立一个非营利性组织来筹集资金支持秘书处的工作。因此，国际互联网协会完全仿照美国计算机协会[①]运作，它是一个专业组织，会募集资金，有一本发行的杂志，杂志一开始的编辑是托尼 · 鲁特科沃斯基（Tony Rutkowski）。我们曾在美国国家研究创新机构办公一段时间。我于 1991 年 6 月在 INET 会议上宣布成立国际互联网协会。INET 是威斯康星大学里的拉里 · 兰德韦伯（Larry Landweber）创办的一个会议，并持续了很多年。这是一个关于互联网的国际会议。所以，我问拉里 · 兰德韦伯是否可以将他的 INET 会议纳入国际互联网协会的概念中，成为我们的主要年会。他同意了，从 1992 年 1 月开始国际互联网协会宣布正式成立。

① 美国计算机协会（Association of Computing Machinery，缩写为 ACM），一个世界性的计算机从业人员专业组织，创立于 1947 年，是世界上第一个科学性及教育性计算机学会，也是全世界计算机领域影响力最大的专业学术组织，总部设在美国纽约。ACM 所评选的图灵奖被公认为“世界计算机领域的诺贝尔奖”。

互联网架构委员会[①]，是我还在美国高级研究计划局时就已经成立了的，只不过在我管理这个组织的时候，它被称为互联网配置控制委员会，但拉里将其改名为互联网活动委员会，并最终称之为互联网架构委员会。无论如何，他们都争先恐后地成为国际互联网协会成员，最终乔恩·波斯特尔赢了，因为乔恩开支票的速度比其他人都快，所以他成为国际互联网协会的第一个正式成员。为了支持国际互联网工程任务组秘书处，这个组织得以成立。之后，它得到了迅速的发展，今年还庆祝了国际互联网协会成立25周年。并且它现在有域名系统（DNS）中的.org顶级域名的运营支持。他们成立了域名注册组织PIR，负责管理互联网组织顶级域名，每年向国际互联网协会提供大约5000万美元的资金。协会创立之初，我带着我的锡制杯子，四处奔走、“化缘”。现在协会已经发展壮大了，像互联网名称与数字地

① 互联网架构委员会（Internet Architecture Board，缩写为IAB），又称因特网结构委员会，隶属于国际互联网协会，是由探讨与互联网架构有关问题的互联网研究员组成的委员会，其成员由国际互联网工程任务组的参会人员选出。它是一个技术监督和协调的机构，负责定义整个互联网的架构和长期发展规划。最初由美国政府发起，如今转变为公开而自治的机构。

址分配机构一样。

访谈者：您的工作重心是从什么时候开始由技术工作逐渐转向公共服务的?

温顿·瑟夫：一直都是工作的一部分。例如，我在 1991 年就加入美国计算机协会理事会了，我当时的目标是为美国计算机协会建立一个研究员计划。电气和电子工程师协会[1] 当时有研究员计划，但是美国计算机协会还没有。我想，计算机科学专业的专家该有类似的项目来提高专业水平。从公共服务角度来看，成立国际互联网协会的工作可能是我第一次在这个方面重大的努力。互联网名称与数字地址分配机构确实代表了 2000 年至 2007 年或 1999 年至 2007 年我做的公共服务。在过去的几年里，我一直是美国计算机协会奖项计划的联合主席。我们每年分发大量资金，超过 150 万美元的奖金。我继续承担这些任务，但我仍然对技术很感兴趣。例如，1998 年，我作

---

① 电气和电子工程师协会（Institute of Electrical and Electronics Engineers，缩写为 IEEE），美国的一个由电子技术与信息科学工程师组成的协会，创立于 1963 年，是目前世界上最大的非营利性专业技术学会。

为访问科学家加入了喷气推进实验室[1]，从那时起，我就一直在那里工作，致力于互联网的星际扩展。这是互联网扩展的另一个故事，在这种情况下，在地球之外，一直到火星，也许更远，因为有新的任务在外星球启动。

访谈者： 我发现媒体的关注，公众的关注，有点像在使用搜索灯一样，突然发现您的作品，就像 20 世纪 70 年代那样。您认为什么时候公众注意力集中在您的作品上，而不仅仅是您？您知道，还有很多其他人在谈论阿帕网。

温顿 · 瑟夫： 首先，我认为互联网发展初期不是一件很显眼的、引起人们广泛关注的事情，仅仅是我们这些在学术研究环境或军事领域中的人关注，前面说过，它最初由美国国防部开始，以便进行指挥和控制。我认为值得你们注意的一点是，在 20 世纪 70 年代和 20 世纪 80 年代初我们进行这个项目的时候，就认识到这不仅仅需要传送数据，

---

① 喷气推进实验室（Jet Propulsion Laboratory，缩写为 JPL），是美国一个以无人飞行器探索太阳系的研究中心，隶属于美国国家航空航天局（NASA），其研究的飞船已经到过全部已知的大行星。

还需要传送视频和语音。因此，我们当时致力于实时通信，包括雷达和类似的东西或者控制和命令，作为互联网项目的一部分。互联网在 1983 年 1 月被正式启用，随着时间的推进，它持续增长，主要是在学术界。然后，蒂姆 · 伯纳斯 · 李[①]来到日内瓦的欧洲核子研究组织[②],1989 年左右他开始思考并研究后来的万维网[③]，并于 1991 年 12 月发布了万维网。他发布了软件，就像我和鲍勃 · 卡恩发布互联网设计时一样，没有任何种类限制，没有知识产权限制。蒂姆跟着也做了同样的事情，但没有太多人注意到。来自美国国家超级计算机应用中心的马克 · 安德森[④] 和吉

---

① 蒂姆 · 伯纳斯 · 李（Tim Berners-Lee），生于 1955 年 6 月，英国计算机科学家，麻省理工学院教授，万维网发明者。

② 欧洲核子研究组织（European Organisation for Nuclear Research，法语全称为 Conseil Européenn pour la Recherche Nucléaire，缩写为 CERN），成立于 1954 年 9 月 29 日，是世界上最大的粒子物理学实验室，也是万维网的发祥地。

③ 万维网，一般指 WWW。WWW 是环球信息网的缩写，英文全称为 World Wide Web，中文名为万维网、环球网等，常被简称为 Web。分为 Web 客户端和 Web 服务器程序。

④ 马克 · 安德森（Marc Andreessen），1971 年出生，1993 年他同吉姆 · 克拉克一起，开发出 UNIX 版的 Mosaic 浏览器。1994 年创办网景通信公司（Netscape）。

姆·克拉克[1]建立了Mosaic[2]，这是一个图形用户界面浏览器。每个人都注意到了。他们发布它，很快它被下载了数百万次，人们突然可以把互联网视为一本杂志，因为它有图像，最终，它成为视频和声音以及其他所有格式都能兼容的良好的页面。

访谈者：那是我用的第一个浏览器，那种地球滚动……

温顿·瑟夫：是的，没错，就是那个小小的动画标志。有趣的是，HTML（超文本标记语言）的采用让人们可以相当容易地创建内容，减少了内容制作的障碍。数百万人决定通过这种媒介与他人分享自己所知道的东西，这引起了社会极大的关注。因此，位于互联网之上的万维网使互联网变得更加有用。从某种意义上说，这两种技术是相辅相成的。类似的现象还有几年后的2007年，具有互联

---

① 吉姆·克拉克（Jim Clark），1944年出生于得克萨斯州的普兰维（Plain View），1993年他同马克·安德森一起，开发出UNIX版的Mosaic浏览器，同时也是SGI、网景通信公司、Healtheom公司的创始人之一。在1996年《时代周刊》评选的25位全美最有影响力的人物中，排名第一。

② Mosaic，全名为NCSA Mosaic，是互联网历史上第一个被普遍使用和能够显示图片的网页浏览器。

网功能的 iPhone（苹果手机）发售，这突然使人们无论身在何处都可以访问互联网。移动电话使互联网更加有用，互联网也使移动电话变得更加有用，因为互联网的所有内容都可以在移动电话上呈现。所以，这两种技术结合在一起，再一次，像往常一样提升了彼此的价值。

访谈者：回过头来看那些年，您是否已经预见到互联网可以被大众使用，比如日常使用，而不仅限于科学家？

温顿·瑟夫：对于这个问题，一个微不足道的回答是：没有。但那是错的，结果证明实际上我们对可能的情况有很好的想法。在 20 世纪 60 年代，斯坦福研究所的道格拉斯·恩格尔巴特[①] 开发了在线系统，在某种程度上，它相当于盒子里的万维网。他发明了文档之间的超链接；他发明了鼠标，可以用鼠标点击屏幕上的东西；他还发明了和弦键盘，并在 1968 年做了一场产品演示，如果你在网上用谷歌搜索，你会看到“演示之母”这个视频。2018 年，他那

---

① 道格拉斯·恩格尔巴特（Douglas Engelbart），1925 年 1 月 30 日出生，美国发明家。共有 21 项专利发明，其中最著名的就是鼠标的专利，被称为“鼠标之父”。于 2013 年 7 月 2 日逝世。

次演示的50周年纪念，肯定会有一些庆祝活动。恩格尔巴特坚信，计算机可以用于非数字知识工作。这种协作努力是相辅相成的，约瑟夫·利克莱德[①]，美国高级研究计划局信息处理技术办公室的第一任主任，对恩格尔巴特的说法产生了强烈的共鸣，并支持他所谓的“增强”的工作，关于增强斯坦福研究所的人的能力。所以，我们在有阿帕网期间可以访问那个系统。电子邮件，或者叫网络邮件，是在1971年发明的，由雷·汤姆林森[②] 发明。雷当时在BBN，意识到可以将一个文件从一台机器发送到另一台机器，并把它放在一个人能够找到的地方，这个想法就是把它放在与该用户关联的目录中。他试图弄清楚“如何告诉文件传输程序把文件发送到哪台计算机以及把它放在计算机的什么位置

---

① 约瑟夫·利克莱德（Joseph Licklider，也称J.C.R.Licklider），1915年出生，全球互联网公认的开山领袖之一，麻省理工学院的心理学和人工智能专家。1960年，他发表了一篇题为“人—计算机共生关系”（Man-Computer Symbiosis）的文章，设计了互联网的初期架构——以宽带通信线路连接的电脑网络，目的是实现信息存储、提取以及人机交互的功能。于1990年逝世。

② 雷·汤姆林森（Ray Tomlinson），1942年生，电子邮件（E-mail）的发明者，被称为“E-mail之父”。在1971年发明了在不同电脑系统和服务器之间工作的电子讯息直接传送系统。他还选择定位符号“@”来连接用户名和目的地地址。于2016年3月5日逝世。

上”。因此，我们需要用户名和主机名。他说：“好吧，我怎么把这两个分开？”他看了看键盘，当时唯一没有用的字符是 @ 符号。用户 @ 主机似乎是一种非常自然的方式，这样就可以把文件发送给该计算机上的用户，所以他编写了网络邮件，并公布了这个想法。每个人都为之疯狂，拉里 · 罗伯茨甚至还编写了一个程序来管理电子邮件，你知道，按照文件分类管理，那个功能被其他人扩充了。到 1973 年互联网项目启动时，我们已经有了 4 年使用阿帕网的经验，并且看到了它作为社区的作用。我们甚至发现了社交的作用，因为在网络邮件刚刚被发明后，我们就建立了一些邮件分发列表。其中有一个名为科幻小说爱好者（SciFi-Lovers）的分发列表，大家都是一群极客，都读过科幻小说，并争论谁是最好的作者。然后，另一个邮件列表被称为 Yum-Yum，这是一个来自斯坦福大学的餐馆评论邮件列表，里面有对帕洛阿托地区的餐馆评论，最终被评论的餐馆扩展到了更大的地理区域。我们已经看到了阿帕网和互联网的社交能力及其潜力。因此，我要指出的一点是，我们不仅清楚地理解了互联网潜在的可能性，而且认识到它必须是全球范围的，因为它应该为美国国防部服务，而美国国防部可能在任何地方开展行动。我们的思想从一开始就是全球性、多网络的。我们知道新技术将会出现，希望将通信技术转移到互联网上，因此 IP 层协议的设计思路就是不需要清楚底层发生了什么，它也被设计为不知道数据包内部是什么，因此，互联网协议层不知道应用程序是什么。互联网之所以能够承担如此多的新应用程序，是因为它不是为任何特定目的设计的，除了将数据包从一个地方移动到另一个地方；它们的解译发生在网络的边缘。

访谈者：当您和鲍勃 · 卡恩设计 TCP/IP 时，是怎么决定谁的名字应该放在论文的第一位?

温顿 · 瑟夫：我们是通过抛硬币来决定的，我很幸运。1973 年 9 月，鲍勃 · 卡恩和我在位于帕洛阿托的凯悦酒店（Hyatt Hotels）完成了 TCP/IP 论文的第一稿，描述了互联网是如何工作的。我们共同完成了那篇论文。

访谈者：所以，当你们掷出硬币后，您会兴奋不已，因为那对您有利。不知道鲍勃 · 卡恩对此有何反应?

温顿 · 瑟夫：我们都认为谁的名字放在前面不重要，便以抛硬币的方式决定谁的名字放在论文的首位。虽然我很幸运，但我并不认为我的名字在那篇论文中居首就会使我得到更大的认可。鲍勃作为 TCP/IP 的共同发明人而闻名于世。我的意思是，国家技术勋章授予我们两个人，总统自由勋章授予我们两个人，西班牙阿斯图里亚斯王子奖[①]同样也授予我们两个人，还有日本的那个奖[②]。所以，我认为没有人会否认鲍勃的重要性，他在这个项目中起了重要作用。事实上，是他在美国高级研究计划局启动了互联网项目，并邀请我成为其中的一分子。

访谈者：你们四个"互联网之父"工作了那么多年，有没有发生过摩擦，或者做事方法偶尔有所出入的时候？

温顿 · 瑟夫：嗯，这很明显，我强烈认为互联网是在斯坦福大学发明的，阿帕网是在加州大学洛杉矶分校开始形成

---

① 阿斯图里亚斯王子奖（Prince of Asturias Awards），1980 年 9 月 24 日由阿斯图里亚斯王子基金会在奥维耶多建立，在欧洲和美洲具有较高知名度，共设人文学、艺术、文学、社会学、科学技术、国际关系、体育、和平八个奖项。旨在奖励在科技、文化、体育和社会等领域有杰出贡献的个人或团体，每年颁奖一次，获奖个人或团体可获 5 万欧元奖金。

② 这里说的日本的那个奖指日本 NEC C&C 奖（NEC C&C Foundation Awards），是日本 NEC C&C 基金会向对计算机研究和人才培养等方面的发展做出卓越贡献的专家所颁发的重要奖项。NEC C&C 基金会成立于 1985 年 3 月 20 日，主要通过鼓励和支持计算机通信集成技术的研发活动以及开创性工作，加快电子工业发展，促进世界经济发展，造福人类。

的。我想，伦纳德·克兰罗克认为这是更连贯的，斯蒂芬·克罗克也这样认为。公平地说，如果阿帕网没有成功，那么我们也不可能发明出来互联网。它们之间有明确的联系。对于一些人来说，他们的主要贡献是在阿帕网，但有一个问题是，因为没有人知道阿帕网，公众熟知的是互联网并非阿帕网。因此，那些更希望被认为是互联网历史一部分的人，就感觉有点被遗弃，他们主要是因为阿帕网而为人所知。所以，他们想要和互联网联系起来，并想把这两个东西混合在一起。这并不是一个不合理的观点。施乐帕克研究中心的人还想辩称，他们也发挥了作用，这的确是事实。我在斯坦福大学做 TCP 的同时，施乐帕克研究中心也在开展通用包的研究。施乐帕克研究中心里有人参加了我的研讨会，也有一些研究生暑期或者平时兼职在施乐帕克研究中心工作，我们也有很多互动。

访谈者： 您在 2005 年加入谷歌成为副总裁，您在谷歌是如何开始与他们合作的？

温顿·瑟夫： 我是作为研究部门人员被雇用的，最初

是向艾伦 · 尤斯塔斯[①]汇报工作，他是谷歌研究和工程副总裁或高级副总裁。最终，公司成长了，我加入的时候有 5000 人，而现在有 70000 人。所以，在那段时间里，艾伦发现有必要重构组织，将研究剥离出去。他们把阿尔弗雷德 · 斯佩克特（Alfred Spector）从 IBM 招来做研究部门的副总裁，我向他汇报工作。几年前阿尔弗雷德离开了谷歌，约翰 · 詹南德雷亚（John Giannandrea）成为研究部门以及搜索和其他领域人工智能的负责人。我现在向约翰 · 詹南德雷亚汇报工作。从 2005 年到现在的这段时间，我大多时候致力于政策方面的工作，因为互联网有许多政策方面的争论，如网络中立、互联网分裂问题及审查问题、发明的自由、无须许可的创新，所有这些都在全球展开了广泛的辩论。互联网治理论坛就是信息社会世界峰会[②]的一个决议。在我担任互联网名称与数字地址分配机构主席期间

① 艾伦 · 尤斯塔斯（Alan Eustace），又译阿兰 · 尤斯塔斯，谷歌工程与研究高级副总裁，全面负责公司产品研究和发展事务。

② 信息社会世界峰会（World Summit on the Information Society，缩写为 WSIS），是有各国领导人参加的最高级别的互联网会议，与会的领导人致力于利用信息与通信技术的数字革命的潜能造福人类。峰会是一个广泛接纳利益相关方参与的进程，其中包括政府、政府间和非政府组织、私营部门和民间团体。

之所以出现紧张局势，是因为该机构和美国政府有着非常紧密的合同关系。一直到 2016 年 10 月它才独立。我代表谷歌表达我们的政策和我们的观点，那就是开放性是互联网能力和效用的重要组成部分，所以我负责政策性的工作。我在制定互联网活动标准中发挥了作用，因为我的一些工程师现在在互联网架构委员会、国际互联网工程任务组中担任高层。这是整整 5 年来我的一部分经验。因为我在研究部，可以自由地去关注很多正在发生的事情，只是为了能对研究有所帮助。在公司内部我可以自由地与从事研究或产品开发的人互动。最近我致力于研究物联网，它是互联网发展的一个有巨大潜力的新方面，可能会出现价值数十亿美元的设备。这推动了 IPv6 最初的计划。我们在 2011 年耗尽了 IPv4（互联网协议第 4 版）地址空间，而在 20 世纪 90 年代中期我们就知道这种情况会发生，这就是为什么 IPv6 被开发成 IPv4 的替代品，而我为此已经努力了 20 年。现在，随着物联网的出现，很明显，我们必须把一切转移到 IPv6 上。

访谈者：您也给其他项目提供建议吗？比如Link项目[①]和Loon“气球”项目[②]？

温顿 · 瑟夫：还好，我没有为Loon“气球”项目贡献多少。我曾与Link项目团队合作，Link项目团队现在已经发展成一家名为CSquared的合资企业。

访谈者：您知道有些人对气球的事情表示怀疑。

温顿 · 瑟夫：是的，有些人认为发射气球的想法很荒唐，这就是为什么他们将它称为Loon“气球”项目，但现在它在实施中。所以，他们发现了一些非常奇妙的方法，让气球飞到需要提供服务的地方，这些气球在5万英尺[③]以上的高空环绕地球飞行。

访谈者：您提到过几次网络连接，尤其是剩下的40亿人

---

① Link项目，指谷歌2013年推出的“Project Link”，该项目旨在为全世界发展中地区接入互联网。

② Loon“气球”项目，指谷歌2011年推出的“Project Loon”，该项目希望通过发射数以千计飘浮在平流层的高空气球，形成环绕地球的通信网络，利用气球搭载的高空通信平台技术，为地面用户提供互联网服务。

③ 1英尺等于0.3048米。——编者注

上网问题，您鼓励人们用不同的方式连接互联网，这是为什么呢?

温顿·瑟夫：当然，什么方式都行。我的意思是，人们现在在谈论下一批10亿互联网用户。我担心的是最后一批10亿互联网用户。我想确保每个人都能上网。那么，我们如何以一种便宜可靠的方式上网呢？我们如何让世界各国接受鼓励投资互联网基础设施和创建基于互联网应用的政策呢？如何利用对人们有用的本地语言呢？因此，我一直在寻找所有可能的途径，它们通常是鼓励基础设施投资和政策，但这同时也是为了找到能降低成本、让人们负担得起的技术。

访谈者：但这也是最困难的，让最后10亿人连接到互联网。

温顿·瑟夫：是的，最后10亿人是最困难的。

访谈者：2015年，您提到了数字黑暗时代，那时候您提到了那么多的数据丢失，这么多东西都是因为我们的基础设施和我们使用的设备而丢失。您是否仍然抱有同样的顾虑?

温顿·瑟夫：是的，我仍然非常担心我所说的数字内容的丢失，并且涉及几个不同的因素，我们存储比特的介质可能不会像其他一些介质那样持久，例如，羊皮纸、羊皮或牛皮纸。有些羊皮纸文件已经保存了超过 1000 年，其中一些是 2000 年。如果你可以读懂希腊语或拉丁语，你仍然能阅读这些文件。但是想想看，5.25 英寸[①] 的软盘、3.5 英寸的软盘、DVD（数字通用光盘）、CD-ROM（只读光盘），现在还有蓝光，等等。有时候，即使你的磁盘还在，你也找不到能读取这些磁盘的机器，又或许，你有一个硬盘，有特定规格的插头，但是现有的计算机在物理上或逻辑上无法与其相连。它的控制功能是什么？存储在各种媒体中的信息并不能长久存在，所以我很担心。我也担心这样一个状况：你可能需要某一软件来正确解读你存储的信息。如果有一个电子表格，你将它作为文件存储起来，那么虽然你可以读取这些信息，但你没有一个程序了解这些信息含义的话，也无法真正读取数据。

访谈者：但是云盘呢？可能是一个解决方案，把所有东西都保存在云盘，包括一个软件？

---

① 英寸，英美制长度单位，1 英寸等于 2.54 厘米。——编者注

温顿·瑟夫： 当然，云盘给我们提供了一个潜在的平台，尤其是虚拟机运行旧的操作系统，运行旧的应用程序。所以，我认为有可能。另一方面，想想一个网页。假设你已经拥有了 HTML 网页，并且可以将其上传到基于云的系统，那么问题将是，该网页上的所有引用是否仍然能够被解析。答案也许是不能，因为 10 年后，一些网站将会消失，因此，保存所有这些内容是一个巨大的挑战。不仅因为应用软件，而且 URL[①] 也越来越无法被解析。这就是布鲁斯特·卡利（Brewster Kahle）创办旧金山互联网档案馆[②]的初衷。所以，它试图复制尽可能多的网页。但我在寻找可以保存数字内容 500 年，甚至 2000 年的办法。我希望人们开始认识到这是多么的重要。我们拥有具有高品质照相机的手机，每年都要照数万亿张照片。我上次听到的数字是人们每年拍摄 1.5 万亿张照片。这些数据将存储在哪

① URL，全称为 uniform resource locator，即统一资源定位符，对可以从互联网上得到的资源的位置和访问方法的一种简洁的表示，是互联网上标准资源的地址。

② 互联网档案馆（Internet Archive），成立于 1996 年，是一个非营利性的数字图书馆组织，定期收录并永久保存全球网站上可以抓取的信息。总部位于旧金山奇蒙德区。网址是 archive.org。

里？以什么格式存储？与它们相关联的元数据如何？我们将如何把它们保存 1000 年？答案并不明确。而且，你知道，云盘是当前的机制。50 年前，是分时机制，大型分时机。现在是云盘。但这是 2017 年，从现在算起仅仅 100 年以后的 2117 年会发生什么？信息将怎么存储？我不知道它是什么，但它可能和今天的介质不一样。因此，我们必须非常努力地思考如何规划标准，这些标准是可以在 100 年后或者 1000 年后被认可和使用的。

访谈者：非常感谢，我第一次听到这些，我没有意识到这些问题。事实上，我认为我们应该给予更多的关注。

温顿 · 瑟夫：这是一个大问题。而且，直到人们失去了他们所依赖的东西他们才会意识到。他们有一台电脑，里面有一堆文件，所有的图片都存在里面，一切都很好，然而如果电脑突然停止工作了，那我们该怎么办？

访谈者：据我们所知，假如去了一个磁场很强的地方，一些数据可能会完全消失，无法恢复。

温顿 · 瑟夫：现在我们只谈论了个人信息，想一想科学信息资料，想一想我们从望远镜、大型粒子对撞机、南极“冰立方”以及 LIGO（激光干涉引力波天文台）项目收集的所有数据。所有这些内容对于科学进步来说都是非常重要的，尤其是对那些依附于这些内容的新理论而言。我们不知道，我们有一个满是数字的文件，但它们是什么？是温度吗？是压力吗？还是别的什么？华氏度或摄氏度的度量标准是什么？为了使用我们收集的数据来测试新的理论，所有的元数据必须是可用的。我们如果不保留所有这些东西，就会遇到麻烦。

访谈者：我们现在已经拥有互联网50年了，在接下来的10年或50年里，不说500年，它会发生什么变化？那么，您怎么看待互联网的未来？

温顿·瑟夫：嗯，很难预测未来100年。儒勒·凡尔纳[①]似乎预测得比较准确，但是预测准确的人不多。因此，我们可以看到一些趋势的早期阶段，更快的速度和更高频率的使用，甚至更复杂的中空光纤的使用。南安普敦大学正在研究这些技术。坦率地说，我希望互联网的星际扩

---

① 儒勒·凡尔纳（Jules Verne），19世纪法国小说家、剧作家及诗人。代表作有《格兰特船长的儿女》《海底两万里》《神秘岛》《气球上的五星期》《地心游记》等。

展能够成功，它是由联合国机构空间数据系统咨询委员会（CCSDS）标准化的。所有拥有航天技术的国家都可以自由使用该软件，同样，该软件也是免费使用的。你可以预测到这类事情在未来的 10 年或 20 年内出现。就遥远的未来而言，很难说，你现在可以看到量子通信的一些有趣成果。中国人做出了非常大的努力，最近，他们宣布正在通过卫星使用量子密钥分配，大约在 1200 千米的轨道上，这是一项相当先进的成果。有些人对把量子信息从网络中的一个点移动到另一个点感兴趣，以便进行分布式量子计算。这是非常复杂和具有挑战性的技术，将在未来几十年内得到发展。很多人好奇的一点，也是爱因斯坦认为非常诡异的、幽灵般的超距作用。这个概念是这样的：量子纠缠粒子，当你将粒子分离后，如果你知道了一个粒子的特性，那么你就能确切地知道遥远的另一个粒子的特性，因为两者是相互联系的。但是没有人理解为什么在如此遥远的距离下这种联系依然存在。这两个纠缠的粒子的远距离状态相关性已经远超光速的解释范围。所以，人们反复论证贝尔不等式。一定有一些不受光延迟速度的限制的事情发生。没有人知道那是什么，如果我们能弄清楚，那么我们可能会比今天更基础地了解宇宙是如何运转的。这是可以想象的，根据猜测，100 年后如果我们对这一点有足够了解，那么我们可能就不再受光延迟速度的限制，因此这表明一些相当先进的网络，尤其是星际通信是可行的。现在，由于信号往返时间很长，这还不太可行。

访谈者：您还和冯美玲[①]一起创建了“以人为本的互联网”这一公司。

温顿·瑟夫：冯美玲，没错。

访谈者：这个项目是关于什么的?

温顿·瑟夫：美玲和我都关注的是，我们如何让互联网对每个人都更有用。仅仅建立更多互联网使其价格更实惠并不会使它变得有用。所以，她的观点是：让我们问自己如何才能让它更加以人为本。我们怎样将互联网交到人

---

① 冯美玲（Mei Lin Fung），新加坡人，亚太地区知名的客户管理专家，也是甲骨文公司（Oracle）于1988年为汤姆-西贝尔（Tom Siebel）构想首个整合销售和营销应用的商业分析家。在英特尔公司（Intel）待了5年，这期间她主要是作为美国分配和销售渠道的客户营销工程师。英特尔与甲骨文的合并使得她能以一个知情人的观点看待技术行业中供应链到需求链之间的联系。她是 Wainscoff Venture Partners 风险投资公司的常务董事，致力于IT领域的风险投资。她和温顿·瑟夫成立了一家名为 People Centered Internet 的公司。

们手中？怎样才能让它更多地应用于日常生活？以及如何提供更多全球信息？所以，地图一类的东西好像可以满足这些要求。我们必须关注本地语言，必须想办法让当地居民贡献有用的信息。因此，她关注的焦点是如何衡量互联网的效用。例如，我们可以看看它是否能改善健康状况，是否提高了人均 GDP（国内生产总值），是否改善了能够让我们生活舒适的其他因素，我们能否认为互联网的存在帮助我们在配电基础设施中建立更有弹性的发电系统。还有其他好处吗？当然，理论上内容的共享、信息共享可能非常强大。从谷歌的 YouTube 体验中，我知道了年轻人想要知道如何做某事时，他们不用谷歌搜索，而是直接去 YouTube 找答案，因为那里会有视频展示。因此，在视频环境中，这一代人在知识共享方面已经变得相当透明。这样做的好处是，你即使不能阅读，仍然可以从视频中受益。我们看到一种新的学习媒介即将出现。例如可汗学院，它向人们展示如何学习数学。这种媒介正在成为一种非常强大的工具，它克服了语言障碍，至少是扫盲障碍。

访谈者：是的，有时候 YouTube 可以跨越语言障碍，先下载再播放。您去过很多次中国，您是每年都去，还是？

温顿·瑟夫：2017年已我经去过两次了。我不一定每年都去。

访谈者：您第一次去中国是什么时候？

温顿·瑟夫：2002年，我第一次是去北京，也去了上海，参加了互联网名称与数字地址分配机构会议，也在清华大学开过讲座。

访谈者：您每来一次中国，受到的关注就会更高些，人们都为您欢呼。您有同感吗？

温顿·瑟夫：在这些访问过程中，我遇到了越来越多的中国政府高层人士。在2017年年初的一次早期访问中，我曾会见过中华人民共和国副主席。但是我只对事物研究和学术方面感兴趣。从科学的角度来看，中国做了一些非同寻常的事情。我的意思是，抛开中国的快速发展，在太空探索方面，这个国家是值得信任的。在生物学方面中国也有非常深入的研究，例如在遗传学和微生物学、细胞等方面。我有一位来自美国国家科学基金会的同事，她的学位论文是在中国完成的，现在担任美国国家科学基金会与中国研究机构的联络人。那么，看看中国的经济发展，过去10年中互联网的出现引起了巨大的变化。现在，中国有

7.5 亿网民，是美国网民数量的两倍，比欧洲的人口都要多。此外，还有一些快速增长的公司，比如阿里巴巴、百度、腾讯等。因此，中国互联网应用和普及的增长率是非常具有吸引力的，我觉得这很有趣。

访谈者：您如何看待中国在科技界中扮演的角色，以及在未来科技世界中的角色？

温顿 · 瑟夫：非常明显，如果你阅读任何当前关于网络的论文，你会发现许多中国人的名字。如果你看一下互联网活动的制定标准，很多中国人都参与其中。因此，这个国家在技术层面上很让人眼前一亮。

访谈者：有时往前走两步可能要退回好多步。我们知道，您和其他人相处得都很好，尤其是您最好的朋友斯蒂芬 · 克罗克或鲍勃 · 卡恩，你们之间会发生分歧吗？

温顿 · 瑟夫：好朋友总是会有各种各样的分歧，鲍勃和我经常在技术问题上有分歧。不过，我们在互联网设计的早期阶段发现了一些东西。我们在争论时，意识到了争论是有原因的，而且事实证明，我们所争论的模型是不同的模型。当然，如果他基于这个模型进行论证，而我基于另一个模型进行论证，那么我们的争论不会有任何意义。所以，我们很快发现，如果我们意见不一致，那么我们就会停下来，说说自己使用什么模型作为论点的基础。如果我们发现各自使用的模型是不同的，那么我们首先会计算出将使用什么模型来进行讨论，然后我们会有一个论证，它至少是基于相同的模型。因此，有些时候我们很快就会根据有不同模型的事实来解决这些分歧。

访谈者：这很有趣。

温顿 · 瑟夫：我们到时间了。

访谈者：是的，非常感谢您，我们很想为您拍一部电影。也许稍后我们可以再谈一点，我知道今天的这个时间不能再谈了。您认为这个主意怎么样?

温顿 · 瑟夫：你知道，我觉得有点尴尬。

访谈者：这部电影不像您知道的那种戏剧类型，它有点像纪录片。

温顿 · 瑟夫：纪录片就好了，我认为戏剧化是个可怕的想法。我们已经看到过去脸书和诸如此类的东西，但是，一部纪录片还是可以接受的。

访谈者：非常感谢您抽出时间，在您走之前，我们可以和您合影吗?

温顿 · 瑟夫：当然可以，看起来你们有足够多的照相机。

访谈者：是的，我们有足够多的相机。

第二次访谈

访 谈 者：方兴东、洪伟
访谈地点：弗吉尼亚州里斯顿·谷歌
访谈时间：2018年7月13日

访谈者：您好，首先感谢您能抽出时间再次接受我们的采访，2017 年 8 月我们对您进行了一次非常愉快的采访，希望这次采访同样在愉快中度过。

温顿·瑟夫：你好，我是温顿·瑟夫。很高兴见到你。

访谈者：之前我们讨论过关于拍摄纪录片的事情。但我们更希望出版一本关于您的书，使其面对更广泛的大众。所以我们想了解更多关于您的细节。

温顿·瑟夫：好的，我很乐意与大家分享。我想先明确一点，有许多人都为互联网做了贡献，包括许多中国人。所以如果你要为公众做点什么，那么很重要的一点，就是要确保你尽可能多地采访到那些做出贡献的人。有个名叫 Andreu Veà 的西班牙人，他采访了 300 多名互联网先驱，用西班牙语出版了非常厚的一套书，而且马上就要翻译成英文了。所以对你们来说这也是一个非常重要的参考资料，可以关注一下。

访谈者：非常感谢。方博士[①]将参加巴塞罗那的互联网名称与数字地址分配机构会议。他们安排了一次会面。

温顿 · 瑟夫：那真是太棒了，很高兴听到这个消息。

访谈者：谢谢您的介绍。为了更全面、生动地勾勒您和您的生活，方博士想要听到您更多的故事。

温顿 · 瑟夫：好的，我明白。

访谈者：我们去参观了位于阿灵顿的阿帕网纪念标志（ARPAnet Sign），好吧，我不记得具体门牌号了。

温顿 · 瑟夫：是威尔逊大道 1400 号。我记得很清楚，我在那里工作了 6 年。

访谈者：那能谈谈您在那里的生活吗？

温顿 · 瑟夫：美国高级研究计划局在 20 世纪 70 年代初搬出了五角大楼。我 1976 年到那里时，它已经在威尔逊大

---

① 指方兴东。——编者注

道 1400 号的建筑师大楼里了。在美国高级研究计划局本身的历史中，有些人认为将美国高级研究计划局从五角大楼中移出，是对其降级，意味着它不再重要。但我们其余的人都认为这是一个很棒的想法，因为进出五角大楼相当麻烦。所以，搬到阿灵顿的想法实际上非常诱人。我虽然是从 1976 年开始在美国高级研究计划局工作，但我与美国高级研究计划局开始合作的时间要更早，我还在加州大学洛杉矶分校读研究生时就开始与它合作了。

我们几个人和伦纳德 · 克兰罗克在他的网络测量实验室工作。我们当时正在研究阿帕网项目，那是我第一次接触美国高级研究计划局。

1972 年年末我回到斯坦福大学任教。与此同时鲍勃 · 卡恩加入美国高级研究计划局，在威尔逊大道 1400 号建筑师大楼里工作，其间我与他一起领导 TCP/IP 的研发小组，为阿帕网成功开发了主机协议。所以互联网起源于鲍勃 · 卡恩加入美国高级研究计划局。

访谈者：那么在您看来，哪个地方是互联网的发源地？

温顿 · 瑟夫：这个有很大的争议。加州大学洛杉矶分校的人认为，互联网诞生于加州大学洛杉矶分校，因为阿帕网的前两个部分是在那里连接的。我承认阿帕网作为分

温顿 · 瑟夫工作中的照片

组交换技术大规模探索的起源，在互联网诞生过程中具有重要的地位。

互联网背后的整个想法是采用不同类型的多个分组交换网络，并以一种使其看来一致的方式互联，同时还要求系统主机克服多网传输带来的潜在缺陷和危险。鲍勃·卡恩和我在研究无线电分组交换系统，以及作为阿帕网的卫星分组交换系统时，知道了仅仅在网络内部进行回复是不可能的，这必须在互联网基础上完成。我认为互联网始于斯坦福大学和美国高级研究计划局，鲍勃·卡恩和我在1973年花了6个月的时间反复讨论出了系统设计。1983年1月1日，是互联网第一次运行的日子。这是我们宣布所有美国高级研究计划局支持的网络用户都必须切换到TCP/IP的标志日。如果不这样做，就会离网。所以在我看来，这是互联网首次运行的日子。

在知识层面上，互联网最初的构想来自鲍勃·卡恩。早在进入美国高级研究计划局之前，他就开始构思开放式网络架构，然后邀请我参与其中。从1973年到1983年，有很多人都参与其中，试图弄清楚这个协议应该如何运作。我们经历了协议细节的四次迭代。我们在执行协议时发现了错误。在这十年间，有许多非常重要的参与者。

例如，一个BBN的工程师雷·汤姆林森实现了第一次电子邮件传递，在PDP-10[1]机器上第一次运行Tenex操作系统。在鲍勃·布雷登（Bob Braden）进入南加州大学（USC）之前，他可能还在加州大学洛杉矶分校工作，他安装了TCP/IP的IBM360-91。我们在斯坦福大学有一个小组，理查德·卡普为PDP-11/40安装了第一版TCP，并用BCPL语言实现了它。

在伦敦大学学院，彼得·柯尔斯坦[2]小组安装了PDP-9。麻省理工学院的戴维·克拉克（David Clark）很早就参与其中，当我在1982年年末离开美国高级研究计划局加入MCI公司时，我把设计互联网架构的任务转交给他。因此戴维在那时成为互联网的首席架构师，乔恩·波斯特尔则是副架构师。

---

① PDP-10，美国DEC公司（数学设备公司，Digtal Equipment Corporation）所研发的PDP系列大型计算机产品之一，架构大体上沿用自PDP-6，后继机种为PDP-11。

② 彼得·柯尔斯坦（Peter Kirstein），1933年出生，“欧洲互联网之父”。他于1967年创立了伦敦大学学院（UCL）的网络研究小组（NRG），之后建立了欧洲第一个跨大西洋IP连接的阿帕网节点，伦敦大学学院的网络研究小组成为美国以外唯一一个将计算机连接到阿帕网的组织。于2012年入选国际互联网名人堂。

在域名分配中的IP地址分配方面，从阿帕网到互联网，乔恩·波斯特尔都发挥了重要作用。例如，他就是为根区操作做出安排的人。所有工作都是他自愿的。因此，从1973年到1983年，即使只是这十年期间，就有大量的人参与互联网设计，更不用说1983年后成千上万的人继续投身到这项事业中来了。

访谈者：阿灵顿、加州大学洛杉矶分校和斯坦福大学，这三个地方都和阿帕网或互联网或TCP/IP有关，您能就此谈一谈看法吗？

温顿·瑟夫：其实有四个纪念标志。第一个是阿灵顿，它有意专注于阿帕网，实际上阿帕网项目正是在弗吉尼亚州阿灵顿那个地方开始了运行。

第二个纪念标志是在加州大学洛杉矶分校，加州大学洛杉矶分校的接口信息处理机[1]与西格玛7号（Sigma Seven）之间的第一个连接处，是斯坦福研究院。当连接

① 接口信息处理机（Interface Message Processor，缩写为IMP），按照阿帕网的术语把转发节点统称为接口信息处理机。IMP是一种专用于通信的计算机，有些IMP之间直接相连，有些IMP之间必须经过其他的IMP间接相连。

建立时，加州大学洛杉矶分校的伦纳德 · 克兰罗克将其视为互联网的开端，虽然我们中的一些人认为它是阿帕网的开端。

斯坦福大学里有第三个纪念标志，位于计算机科学专业的比尔 · 盖茨会所。在那个纪念标志上，列出了所有从 1973 年到 1976 年左右参与互联网和 PCP[①] 设计的人。这是一个重要的名单，因为它包括来自美国、法国、挪威、日本和英国的科学家，展现了在互联网初创的前十年的国际性力量，这是一个需要强调的点。

第四个标志位于帕洛阿托的凯悦酒店。在这家酒店的大厅有一个标志，上面写道：1973 年 9 月（秋季），鲍勃 · 卡恩和温顿 · 瑟夫设计了互联网。我们那时在这个酒店住了整整两天，其间写了关于 TCP/IP 的第一篇论文，因此这里就是第一篇 TCP/IP 论文写作的地方，我们在论文中谈论了许多细节，如互联网的设计。

访谈者：哦，非常有意思。感谢您提供这些额外信息。

---

① PCP，全称为 Payload Compression Protocol，即载荷压缩协议，计算机术语，是一个减少 IP 数据报长度的协议。

我们从来不知道这个情况。

温顿·瑟夫：如果你上网搜索“Hyatt Hotel”、“Internet”等关键词，我想你一定会看到那张小牌匾。在TCP建立40周年之际，我们在2013年或2014年挂起了这块牌匾，我记不清是哪一年了。

访谈者：如果是庆祝40周年，那应该是2013年，对吗？因为您是在1973年发表了这篇文章。

温顿·瑟夫：是的，但到2014年才是40年。

访谈者：好的，我们将在7月16日采访伦纳德·克兰罗克先生。

温顿·瑟夫：好的，很好。

访谈者：所以谈到互联网的诞生，一定是个很复杂的问题。

温顿·瑟夫：是的，我认为试图定一个明确的互联网诞生日几乎是个错误，因为互联网的诞生是一个持续了几十年的过程。在1969年阿帕网启动之前，也发生过一些相关的事件。如，在1966年只有两台计算机之间存在连接，证明了分组交换技术的想法是可行的。英国国家物理实验室[1]也在进行相关工作，唐纳德 · 戴维斯[2]当时正在英国开发本地网络，所以互联网的诞生是随着时间的推移而不断演化的过程，非要说出一个准确的诞生日期是很难的。

但是也有一些很明确的时间点，比如一些研究成果展示的日期。例如，1977 年 11 月 22 日我正在美国高级研究计划局运行这个程序。当时我们用作互联网基本来源的三个基本网络，确实可以用 TCP/IP 互联。因此，我们有了卫星分组交换和无线电分组交换网络，在 1977 年 11 月 22 日，它们在通信流量演示中实现了互联。这个日期深深地刻在我的脑海里。

完成第一个 TCP 规范是在 1974 年 12 月，完成 RFC 则是在 1975 年。互联网启用那天有一个实际的标志日，是 1983 年 1 月 1 日。商业系统首次连接互联网，标志是 MCI

---

① 英国国家物理实验室（National Physical Laboratory，缩写为 NPL），创建于 1900 年，位于英国伦敦，是英国国家测量基准研究中心，也是英国最大的应用物理研究组织。

② 唐纳德 · 戴维斯（Donald Watts Davies），1924 年出生，英国计算机科学家。参与了英国第一台计算机的研制；主持了英国第一个实验网的建设；分组交换技术早期研究者之一，帮助电脑能够彼此通信，使互联网成为可能。于 2000 年 5 月 28 日逝世。

邮件，在1989年的6月或7月。你可以选择事件及其相应的日期，用这个方式描述互联网可能争议会少一些。互联网有多个发展演变的节点，你可以选择一个特定的日子，说互联网就是在那时发明的。

访谈者：那么，互联网这个词何时被创造出来？它背后的概念是什么？

温顿·瑟夫：我有两个故事可以告诉你。第一个是准确无误的故事，而另一个则非常有趣，真的是我前两天才发现的。“Internet”一词是“Internet-ing”或“Internet-working”的缩写。当约根·达拉勒、卡尔·森夏恩和我在1974年12月编写了第一个完整的TCP规范时，我们将术语Internet Transmission Control Protocol（互联网传输控制协议）作为标题。据我所知，这是第一次使用互联网一词，现在牛津英语词典是这么解释的。我还了解到，在1956年左右，在西班牙，也许是拉丁美洲，有人以“Internet”为名创了一个内衣品牌。有人给我发了一张1956年的女士内衣广告照片，品牌名为“Internet”。所以这个词不是我们发明的，而是另有其人。

访谈者：真有意思。

温顿・瑟夫：现在如果这个故事流传出去，人们会问，女士内衣哪点让您感兴趣，以至于用"Internet"来命名您的项目？那真是完全说不清楚，不知道他们为什么取这个名字，我想它与内衣的面料有关，但确实令人震惊。

访谈者：是的，不过至少它没有被注册为商标。

温顿・瑟夫：据我所知，商标的注册也是有行业之分的。如果有人把"Internet"注册为女士内衣商标，我们认为这不会与互联网通信服务混淆。人们不会在想获得互联网服务的时候，得到一套内衣，这在商标领域是有区别的。

访谈者：我们还想多了解一下乔恩・波斯特尔，您知道我们不能再采访他了。所以，请您说一下您对他的印象。

温顿・瑟夫：乔恩是我们的常驻嬉皮士。首先，一开始我们不认识他。斯蒂芬和我在高中时并不认识他，而是后来认识的。

访谈者：他更大一点？

温顿·瑟夫： 不，他比较小。斯蒂芬比我小，我是我们三个中最大的。

访谈者： 你们在同一年级？

温顿·瑟夫： 不，我们三个在不同的班级。斯蒂芬在我之后上学，波斯特尔在斯蒂芬之后上学。所以，斯蒂芬和我彼此认识，因为我们加入了数学俱乐部，进而成了很好的朋友，尽管我比他早毕业。我们高中时都不认识乔恩·波斯特尔。他有点儿怪异。我不知道他高中时是否留胡子，也许，不，那是被禁止的。但是 4 年后来到加州大学洛杉矶分校时，他留着胡子，穿着凉鞋，有点像嬉皮士。他很聪明，热情且温柔，喜欢户外活动。他是一个会去约塞米蒂旅行的人，例如背包旅行等。尽管他在互联网技术发展中扮演了非常重要的角色，但他确实是个这样的人。他还很喜欢基础知识和人道主义。他一直是一个值得信赖的伙伴，从来不持有偏见，会根据事实做出决定，而不是基于自己的意见或感受，所以他是我们社群值得信任的人。你知道，他的一生，从进入加州大学洛杉矶分校开始，实际上一直在工作，毕业后，他在许多不同的组织中工作，最终留在斯坦福研究所，主要负责管理域名。他没有参与发明保罗·莫卡派乔斯（Paul Mockapetris）的域名系统。但是在南加州大学信息科学研究所，他和保罗一起参与了域名系统的演变。

访谈者：他是怎么一个人管理这些域名的？

温顿 · 瑟夫：当时，它不像现在这样难做，起初它是一个实验。RFC 系列始于 1969 年，如果你看一下在 20 世纪 70 年代早期产生的那个 RFC，就会知道它不是很多，而如今每年都有几百个。这在当时不是一个非常艰难的任务，因为网络没有那么大，所以追踪一个人位于什么地址等工作并不难。乔恩有一个笔记本，他手写记笔记的习惯保持了很长一段时间，他还从斯坦福研究所得到了帮助，出版了关于 RFC 的书。有一段时期，在人们能上网获得 RFC 之前，它们只存在于书本上。乔伊斯 · 雷诺兹（Joyce Reynolds）是乔恩在南加州大学信息科学研究所的同事，他帮乔恩一起做这些事情，乔伊斯和乔恩在早期阶段都做了很多 RFC 的编辑工作。鲍勃 · 布雷登是斯蒂芬的另一个同事，他在加州大学洛杉矶分校为 IBM360 做了第一个 TCP，后来到了南加州大学信息科学研究所，也在帮助乔恩处理互联网数字分配机构[1] 功能。当乔恩去世后，斯蒂芬和乔伊斯·雷诺兹一起执行这个任务。而在早期，RFC 不是一个艰难的任务，因为它仍然是实验性的。但是，到 1983 年有了互联网之后，它开始扩大。在那时，大约有 1996 个文件，这是一件严肃的事情，我们处在关键期。事实上，对于乔恩运行域名系统，南加州大学信息科学研究所感到非常紧张，他们担心人们会因为乔恩所做的一些事情起诉学校，因此乔恩试图寻找一种方法，将整个运作从南加州大学信息科学研究所中转移出来，并以某种方式将其制度化。关于这个问题进行了两年的辩论，有一个叫作互联网特设委员会的组织，试图找出如何将功能计划制度化的方法，乔恩甚至想在瑞士成立一个组织来做这件事，他设计和创建了互联网数字分配机构，以捍卫一个平等开放的互联网环境。请记住，这是在 20 世纪 60 年代中期。到了 20 世纪 90 年

---

① 互联网数字分配机构（The Internet Assigned Numbers Authority，缩写为 IANA），是负责协调一些使互联网正常运作的机构。由于互联网已经成为一个全球范围的不受集权控制的网络，为了使网络在全球范围内协调运作，需要对互联网一些关键的部分达成技术共识，而这就是互联网数字分配机构的任务。其职能现在由互联网名称与数字地址分配机构行使。

代中期，随着网景通信公司首次公开募股，互联网界开始繁荣起来。针对此事白宫做出了回应，美国对将关于互联网的一些重要机构置于美国之外的瑞士这一提议做出了反应，电信方面的专家艾拉 · 马加奇纳（Ira Magaziner）被克林顿总统指派来对这个问题加以控制。美国政府发表了管控域名和地址的绿皮书和白皮书（Management of Internet Names and Addressses），以掌控根系统和域名授权。乔恩随即创建了互联网名称与数字地址分配机构，取代互联网数字分配机构，来回应白皮书。这就是乔恩，最终解决的办法是创建一个新机构。不幸的是，乔恩在互联网名称与数字地址分配机构举行落成典礼两周前去世了。

访谈者：所以他一直坚持那种嬉皮士的生活方式？

温顿 · 瑟夫：差不多。

访谈者：在中国有一场激辩。由于所有根名服务器都位于美国，如果因为某些原因，美国可以暂停某个国家的互联网服务，那是有可能的吗？

温顿 · 瑟夫：在技术上，我们可以改变根区域使其退出顶级域名。在顶级域名中，就有国家代码，.cn[①]和 .su[②]。然而，在我看来，这种情况发生的可能性是零。

首先，形成根区域的运营商虽然是一家美国公司，可以想象它可能被迫以某种方式从路径中取出某些东西。但我向你保证，如果它这样做，网络社区的其他人就会建立自己的服务器，并将根（root）取回来。

因此，一旦它尝试这样做，在国际上后果是极其严重的，甚至会引发动乱，而且根区域将由其他根服务器重新建立。人们一直很关注这点，我必须指出，即使是苏联的 .su，现在仍然处于顶级域名领域。它本不应该存在，因为苏联已经解体了，但它没有被取消，某些域名中的服务器仍在从属于它。通过这个例子，就能很好地说明该系统的稳定性。

访谈者：当前特朗普执政，这是否可能发生？

温顿 · 瑟夫：我举个例子来解释一下你的这种担忧。美

① .cn，互联网国家和地区顶级域名中代表中国的域名，中国互联网络信息中心（CNNIC）是 CN 域名注册管理机构，负责运行和管理相应的 CN 域名系统，维护中央数据库。

② .su，苏联（苏维埃社会主义共和国联盟）的域名。

国国土安全部（DHS）下属的移民与海关执法局（ICE）一直在强制更改二级域名，而不是根域。但是在 .com 中，移民与海关执法局迫使管理 .com 的威瑞信[①] 更改二级域名的编号，以指向美国联邦调查局（FBI）或美国国土安全部运营的网站。

一个二级域名网站被用来贩卖武器、贩卖人口、贩卖毒品或者做其他坏事，如色情业，那么美国国土安全部有权在其管辖范围内，是指美国辖区内，强制注册人将二级域名更改为指向特定的其他 IP 地址，所以这样是可能的。但如果你所描述的事情，即涉及顶级域名，要将其删除或以某种方式改变，或指向不同的服务器，要做到这一点，现在他们必须命令互联网名称与数字地址分配机构来做。

如你所知，在加利福尼亚州注册的互联网名称与数字地址分配机构已经转型，不再受美国国家电信和信息机构以及独立国际组织的约束。同时也有一些机制约束，包

① 威瑞信（VeriSign），是美国一家专注于多种网络基础服务的上市公司，位于加州山景城，该公司将其业务统称为智能基础设施服务（Intelligent Infrastructure Services）。

括 GAC（政府咨询委员会），它们监督互联网名称与数字地址分配机构的流程的一部分。如果美国提出此类提案，该提案将提交给 GAC。想来，作为 GAC 代表之一的中国将有理由反对。如果该行为是不能容忍的，GAC 则不会达成共识。所以我认为发生这种事情的可能性绝对为零。

访谈者：为此很多人在讨论，中国是否应该建立自己的根名服务器。

温顿·瑟夫：关于此问题我想从两个层面回应。首先，如果出于某种原因，根服务系统崩溃了，你仍希望所有“.cn”顶级域名都能解析，那么在各国拥有辅助根服务器并非没有道理，瑞典就这样做了。作为一个备份，这没什么不对的，让我说得更谨慎一些，那些是辅助服务器。美国到处都有镜像根服务器，包括在中国。我们复制根区域副本的原因是为了避免这 12 或 13 个关键根服务器莫名其妙死机。从长远来看，最好的策略是在每个解析器中复制根区。其次，只要它是数字签名，别人就不能随意进入并修改根区域，而任何人都可以验证其所拥有的根区域与数字签名是否匹配。从长远来看，要将根区副本放在每个解析器中，包括中国的所有解析器。但如果基于某种原因，“.cn”无法在现有的互联网名称与数字地址分配机构系统中解析，那么就没有理由不让你们保有备份，来作为解析“.cn”域名的场所。

访谈者： 如何说服中国政府不要做备份？

温顿 · 瑟夫： 如果中国政府决定运作根域名，并强制所有中国人只使用中国经营的根域名，那么它如何处理非中国域名解析？因为这一直由为全世界所有国家提供服务的互联网名称与数字地址分配机构处理。除非中国政府希望阻止中国境内所有人解析中国以外的域名，创建一个完全孤立的系统。但他们访问的根区必须是由互联网名称与数字地址分配机构维护的，否则中国用户将无法访问中国境外网站。中国公司需要也希望能自己在境外被访问，如阿里巴巴、百度、腾讯等都是非常大、非常成功的公司，所以我认为中国政府现在不需要这样做。

访谈者： 哦，是的，我可以再问一下您有访问中国的计划吗？

温顿 · 瑟夫： 我 4 月去了北京、上海和香港，还有新加坡和韩国首尔，10 天内去了 5 个城市。

访谈者： 哇，非常满的行程。非常感谢您抽出时间接受我们的访问。

温顿·瑟夫：如果需要我帮助你与其他人建立联系，请告诉我，我很乐意帮忙。

访谈者：那真的是太感谢了，那会对我们非常有帮助。我很享受这个采访。我们一起来合影吧。

温顿·瑟夫：好的。

访谈者：我们也为您准备了一份小礼物，是一把折扇。

温顿·瑟夫：谢谢。太费心了，哦！很棒。非常感谢您。

访谈者：温顿，您和我们上次见面相比一点也没变。

温顿·瑟夫：真的？我穿的是同样的西装吗？可能是同一条领带。

访谈者：不是同一套。

温顿·瑟夫：嗯，我考虑的是连续性问题，我不记得我穿了什么。我习惯穿设计成老式的衣服。你可以看出来，我是个喜爱复古风格的人，这套西服是三件套的。

第三次访谈

访 谈 者：方兴东、钟布
访谈地点：弗吉尼亚里斯顿·谷歌
访谈时间：2018年8月31日

访谈者：很高兴再次见到您。今天是2018年8月31日。我们非常荣幸再次采访温顿·瑟夫博士。

这是我们的“互联网口述历史”项目对您的第三次采访。非常感谢您抽出宝贵的时间。

温顿·瑟夫：好的。

访谈者：这次想听您再详细说说小时候的故事。

温顿·瑟夫：嗯，1943年6月，我在耶鲁大学的医院里出生，这是我和耶鲁大学最亲密的联系。当时第二次世界大战正在进行中，我父亲在地中海一艘名为“潜艇追逐者”的潜艇服役。所以我和我的外祖父及我的母亲在美国康涅狄格州的纽黑文市住了好几年。直到1946年我父亲战后回来，在洛杉矶找到了工作，可能在夏天，我们才搬到洛杉矶的一个地方住了一段时间。然后1948年我们搬到一个叫作北好莱坞（North Hollywood）的地方。老实说，那段时间我记忆并不多，因为搬到洛杉矶的时候我才 3 岁。

访谈者：那时候外祖父还在您身边？

温顿 · 瑟夫：是的，没错。我记得外祖父抽雪茄，抽的是乌普曼的雪茄，很贵。我不知道今天一支雪茄要多少钱，但在 1950 年的时候，一支要一美元还多，这可算是一大笔钱。我的意思是抽雪茄简直就等于烧钱，而且味道也不好闻。嗯，我记得他抽的雪茄上配有一个小环，每次他抽的时候，我就把环戴在手上。所以每当闻到质量很好的雪茄烟味，我就会想起我的外祖父。他总是带我去动物园或博物馆，我喜欢去纽黑文市的皮博迪 · 艾塞克斯博物馆①，因为那里有恐龙化石，有趣的岩石，诸如此类。我想，我对科学的兴趣或许来源于这些相当丰富的经历，去博物馆参观，看展览和类似的事情。我也喜欢去鸭池喂鸭子，看着鸭群游来游去，扔给它们一点面包，这很有趣。后来我知道不应该给鸭子喂面包，对它们不好，但

① 皮博迪 · 艾塞克斯博物馆（Peabody Essex Museum），位于美国马萨诸塞州塞勒姆，是一个关于艺术和文化的博物馆，始建于 1799 年，是美国最古老且一直开放着的博物馆，也是美国最大的收藏和展出亚洲艺术的博物馆之一。

我当时不知道。

1951 年，我 8 岁的时候，与外祖父和母亲还回纽黑文看了看，我对康涅狄格州有着非常美好的回忆。你要知道，我们在说的是 70 年前的事。当时的纽黑文跟现在的纽黑文不一样，随着时间的推移，纽黑文的人口结构发生了变化。当时我们住的那个地区非常舒适。我们在林登大街有一套公寓，我甚至记得地址是林登街 76 号。真是太神奇了，我居然记得。

访谈者：您会回去的。

温顿·瑟夫：我夏天回去过几次，好像两三次。

访谈者：真是美好的童年记忆。您的外祖父母还一直住在那里?

温顿·瑟夫：我们在 1946 年搬到洛杉矶后，他们在纽黑文住了一段时间。我的外祖父，比他前两任妻子都长寿，后来娶了第三任妻子。他的第一任妻子在 20 世纪 40 年代去世，他又娶了一个女人，住在纽黑文，然后她也去世了，我真的不记得具体日期了。后来他回到了蒙特利尔，他出生的地方，也是我母亲出生的地方。我妈妈在蒙特利尔长大。但在 1935 年，外祖父到芝加哥发展保险业务，芝加哥这座城市因保险公司多而闻名，很多保险公司都集中在那里。后来外祖父搬到了康涅狄格州纽黑文。外祖父回到蒙特利尔后，和一个法裔加拿大人结婚，并在那里度过了余生，直到 20 世纪 80 年代初他去世。我去蒙特利尔看过我的外祖父和他的第三任妻子。

访谈者：您见外祖父的次数多吗？

温顿 · 瑟夫：我不像你想的那样经常见到他。嗯，我的意思是，我在纽黑文只待了 3 年，然后就离开了。那时我太小了，什么都记不住。所以，我小时候见外祖父只有几次，也许两三次，嗯，在夏天。我记得一些事情，比如，我们会一起去野炊，在西海岸叫作烧烤，东海岸则不然。他总是会买一块很贵的牛排，然后把它做成汉堡包。我们会在外面的烤架上做非常好吃的汉堡包。

我还记得加拿大的黑麦威士忌，这是他的首选饮料。20 世纪 20 年代，美国尝试了一段时间的禁酒令[①]。禁酒令

---

① 禁酒令，指 1919 年 1 月 16 日，美国国会通过的美国宪法第十八号修正案——《沃尔斯泰得法案》，史称禁酒令。1920 年 1 月 17 日，禁酒令正式实施。1933 年 12 月 5 日，禁酒令废止。近 14 年的禁酒时间，为美国乃至世界都带来了深远的影响。

时期，私贩会从加拿大乘船，或者利用其他什么工具运酒过来。外祖父常常用一个小柳条篮子带着威士忌来来回回。所以，我也有一个小柳条篮，我想自己带酒的时候，就用小柳条篮带酒去餐馆，这个习惯就是从我外祖父那里继承的。其实我和外祖父在一起的时间很短，我的记忆相对都是一些碎片，但这些回忆都是生动有趣的。

访谈者：是很有趣。再多说说您的父母吧。

温顿·瑟夫：首先，我家里有满屋子的书。我父亲在学校的表现非常好，是鹰级童子军，在大学是美国大学优等生荣誉学会成员，还有很多其他的成就。他会和我说："当我和你一样大的时候，我做了什么。"他有个笔记本，里面有剪报和日记，还有获得各种奖项的照片，鹰级童子军的徽章等。无论走到哪儿，父亲都带着它。所以，我很受激励，总觉得我必须努力，达到他以前的水平，取得好成绩。嗯，这是我的动力。我自己的房间里收藏了两百本书。一直以来，我家都有良好的阅读环境。

后来，父亲经营了一家加拿大的人寿保险公司，担任公司的副总裁，管理康涅狄格州纽黑文的分公司，我猜那个分支机构可能负责新英格兰很大部分的业务。所以我父亲非常成功。

父亲虽然没有受过科学的训练，但其实他对一些技术性的东西很感兴趣。例如，20 世纪 50 年代，正值冷战时期，人们非常担心洲际弹道导弹和核战争，正在重建防空洞。我们没有参与，但父亲参加了由美国国防部资助的民防课程，获得了一本很厚的讲义。好像是 1954 年，他当时在爱达荷瀑布的什么地方受训，带回来那本讲义，内容是原子弹爆炸会发生什么取决于爆炸的高度和当量[①] 的大小，爆炸后会在几英里[②] 外产生什么影响，以及辐射污染的测量值，关于辐射中毒的副作用和其他一切令人感到好奇的知识。那时我十一二岁，就读到了这本讲义。这也说明了我父亲除了正常的人员培训工作外，对技术也很感兴趣。那时，他是北美航空公司下属的洛克达因公司人事部的副总裁助理，主要职责是教主管们如何管理、组织和经营企业之类的事情。

我母亲虽然只有学士学位（大概是历史、英语或文学专业），没有继续读研究生，但她很懂得欣赏艺术、音乐和文学。她钢琴弹得很好，不过不是专业演奏者。我从小就

---

① 当量，核武器的威力指爆炸时释放的总能量，通常用 TNT 当量度量。它表示产生同样能量所需的 TNT 炸药的重量，常用吨、千吨或百万吨 TNT 当量表示，有时简称“当量”。——编者注

② 1英里约合1.6千米。——编者注

和母亲从广播里听古典音乐，抢在播音员宣布之前猜出作曲家是谁。我总是被她拉去听音乐会，我觉得我们没去看过歌剧，只听过音乐会。受此熏陶，我非常喜欢古典音乐，长大后也一直喜欢古典音乐，一点也不喜欢现代音乐，20 世纪 50 年代以后的音乐，我都不感兴趣。

母亲强烈鼓励我去学大提琴，我在很长一段时间内都很喜欢大提琴，直到我 15 岁时拥有了一台电脑。突然间，我的注意力就迅速转移到了计算机上，然后忽视了大提琴，现在很遗憾。无论如何，这都是我的父母在鼓励着我，想让我学到更多东西。

访谈者：您有两个弟弟，对吧？

温顿 · 瑟夫：嗯，我是长子。在 1948 年和 1951 年，我分别有了两个弟弟。我们在加利福尼亚州一起长大，在很长的一段时间里共用一间卧室，直到我们搬进了更大的房子，我才有了自己的卧室，这在当时很重要。

访谈者：弟弟出生后，您觉得自己失宠了吗？还是很喜欢当哥哥的感觉？

温顿 · 瑟夫：我的大弟弟出生在 1948 年，比我小 5 岁。可以说，我有 5 年时间独享家人的关爱。某种程度上，

5 年足以让我们之间产生隔阂。但是我们兄弟三人在一起过得很愉快，我不记得我们之间有什么严重的矛盾。我喜欢当两个弟弟的大哥，他们其实比我想象的更亲密。我们虽然相距甚远，却一直保持联系。我去了东海岸，他们两个去了不同的地方，一个去了加利福尼亚州，一个去了亚利桑那州。大弟弟 46 岁就去世了，因为他从小就患有糖尿病。我小弟弟小时候也患有糖尿病，不过他比我大弟弟更注重自己的身体健康，不久前刚过完 68 岁生日。

访谈者：作为家里最大的哥哥，您是怎么想的？

温顿 · 瑟夫：大弟弟出生之前，我独享了父母 5 年的照料。我想，作为年长的哥哥，我会为两个弟弟承担责任，在家庭生活方面，有些责任不需要他们去承担，尤其是在我父亲去世后。我父亲也是英年早逝，53 岁就去世了。父亲去世的时候，我才 28 岁，我像是继承了家长的责任，我的意思是，作为长子，有一种内在的责任落在了肩上，我从来没有抵触过。

访谈者：这样您就更成熟了。

温顿 · 瑟夫：我觉得这很难说。我比大弟弟大 5 岁。随着时间的推移，年龄差也不重要了，我现在 75 岁，小弟弟

68岁，我们之间差了8个年头。到这么老时，年龄差没那么重要了。

访谈者：好的，回来说说您自己吧。

温顿·瑟夫：我早年的大部分时间都是在位于洛杉矶北部的圣费尔南多山谷长大的，先是北好莱坞，然后是1954年搬到了范纽斯。我觉得范纽斯这个地方对我个人特别重要，我当时应该是11岁，在那里读了一年小学，是六年级。我在那里上的小学六年级、初中，还有高中。从小学到高中，我时常接触到学术挑战。1961年2月，还是冬天的时候，我高中毕业了，毕业后工作了一段时间，到1961年9月我才到斯坦福大学开始本科的学习生涯。那是我第一次去北加利福尼亚地区。直到1976年，这中间的很长一段时间，我都待在加利福尼亚州，不过中间我一直在海湾区和洛杉矶之间跑来跑去。

我曾在我父亲所在的洛克达因公司工作，这家公司隶属于北美航空公司，我做的是分析阿波罗计划的F1引擎，分析它所做的测试，看看发动机是否会在燃料耗尽之前保持不动，我们之前的访谈讲过。

对我来说，在圣费尔南多山谷的那段时间真的是一段非常丰富的教育经历。1958年2月1日，美国发射第一颗卫星的第二天，我读完了初中，并开始了高中生活。很幸运，我就读于一所非常非常好的高中——范纽斯高中，我上了预科课程，部分原因是 1957 年 10 月 4 日俄罗斯人发射了世界上第一颗人造卫星 Sputnik，美国被“卫星时刻”警醒，要和俄国竞争，于是鼓励全美提高高中的高等教育水平，由美国国家科学基金会资助，各高中教授科学、技术、工程和数学所有这些高级课程。我因此受益匪浅，学习到了所有预科课程。这些课程对我的同学们影响也很大，事实上，我们每年都到西海岸聚会一次。

访谈者：您有没有意识到自己和其他男孩的不同之处？

温顿 · 瑟夫：嗯，我知道我是个书呆子，但算不上鹤立鸡群，那时书呆子并不少见。我是一个很上进的学生，想成为班上的第一名。所以我努力学习，成绩很好，考试表现也很好。我尽我所能拿到额外的学分，因为我想让我的父母为我的学业成绩感到骄傲，我想和我父亲做得一样好。在这样的事情上取得成功是非常令人开心的。所以，我很在乎成绩。对我来说学习很容易，我喜欢数学，喜欢化学，喜欢生物，但还是更喜欢化学。

访谈者：听起来您一点压力都没有，没什么搞不定的。

温顿·瑟夫：嗯，只不过是年轻人通常的压力。我没有感到被逼迫。不知为什么，我在有压力的情况下做得很好，我喜欢学习，喜欢面对任务，这对我来说是一件令人满意的事情。我没有把这些当作压力，反而觉得这是好事。嗯，倒是社交方面的压力比较大。

访谈者：老师很容易就能认出您这样的人。您很容易成为老师、班级、学校的关注焦点。

温顿·瑟夫：嗯，是的。我的意思是，大家称赞我，都觉得我是最优秀的学生，这让我备受鼓舞。我很幸运。他们想方设法地鼓励我对科学技术和数学产生兴趣。记得五年级的数学老师给了我一本七年级的代数书，因为我抱怨数学真的很无聊，我其实不确定我是否说过无聊，只是说一定有比五年级数学更有趣的内容。到了初中，我得到了一套化学仪器，促使我对高中化学产生了兴趣，我化学成绩都很好。我真的很喜欢研究化学物质，做简单的实验。但我对这些东西没有深入的理解，知其然，不知其所以然。在高中，我学到了大量的高级化学知识，就像打开了一扇大门，学到很多新东西。

访谈者：您喜欢运动吗？

温顿 · 瑟夫：哦，不运动。我从不喜欢运动，不感兴趣。我所有的朋友都是书呆子，我们喜欢数学。我们参加过国际象棋俱乐部，那时玩得很开心。我两个弟弟在运动方面倒是很活跃，但他们是在镇上不同的地方长大的，是在橘子郡，我父母大约在 1960 年搬到那里。而我在圣费尔南多谷的所有时间里，对体育完全没有兴趣。事实上，为了避免高中时的运动，我参加了后备军官训练队，努力成了中校。在高中，我故意穿着运动外套，系着领带，穿着休闲裤，拿着一个公文包，因为我知道学校里没人会这么做。这样做是经过深思熟虑的、正面的，而不是完全的反叛，我只是想要跟别人不一样。

访谈者：女孩们是什么反应？您很受欢迎？

温顿 · 瑟夫：这么说吧。在高中，我的女朋友是学生会主席，她也是我在化学课上的同桌。所以，答案就出来了，你说得对。我的意思是说，虽然我没有豪车或类似的东西，但我是最优秀的学生。

访谈者：您有那么多漂亮的领带，是从您父亲那里借的，还是您自己的？

温顿 · 瑟夫：不，我有自己的领带，一直都是自己的。

我不向别人借领带。

访谈者：那您必须花更多的钱来打扮，除非大家都只穿T恤。

温顿·瑟夫：是的。但我觉得我的父母不介意，也许我从未问过他们介不介意。但我不介意，我的意思是，我觉得精心打扮这种行为是对派对的尊重。你知道，即使我永远不会带我喜欢数学的书呆子朋友去听音乐会，我也会带女孩们去好莱坞舞会，例如古典乡村音乐会。我最喜欢的约会之一就是去好莱坞舞会，带上放在篮子里的晚餐，还有矮凳子和一张桌子。我们去野餐，然后听一场音乐会，我觉得这样度过夏夜是优雅而不失情调的。

访谈者：确实确实。

温顿·瑟夫：幸运的是，跟我约会的女孩喜欢古典音乐。如果她不喜欢，可能就不会和我约会。

访谈者：当然，也请谈谈您和老师的互动。

温顿·瑟夫：我和所有的老师都有很好的互动。除了几年后在斯坦福大学有过一次不愉快，我不记得和老师们有什么其他不愉快的情况。我有几位很棒的英语教授，至今我还记得他们。特别是弗罗斯兹先生，他是一个富有诗意的人。还有一个是布罗基先生，他是英国文学的超级粉丝，能让书里的一切活灵活现，只要谈到英国文学，他就会滔滔不绝，我们都喜欢他。我知道自己不能代表班上的每个学生发言，但我同时喜欢这两位老师。社会研究涉及历史，虽然我不是历史学家，但我喜欢读历史书，尤其是传记。我想是因为我上了好课，我觉得我在文学方面和科学、数学与技术方面都接受了非常全面的教育。

访谈者：您知道不是所有的学生都是这样的，有时候他们直到上大学才开始意识到学习是有趣的。所以，您真是一个非常幸运的学生。在我看来，您乐在其中。您有过成长的烦恼吗？有青少年时期的叛逆期吗？

温顿 · 瑟夫：我觉得我没有叛逆的时候。如果说我确实接近叛逆了的话，那是在 1961 年 2 月高中毕业后到 1961 年 9 月去斯坦福大学上学之间的那段时间里。在那 6 个月的时间里，我到洛克达因工作，作为一个未满 18 岁的孩子，我赚了不少钱。因为我到 1961 年 6 月才满 18 岁，所以这期间我的年龄介于 17 岁到 18 岁之间，在这 6 个月的时间里，我和父亲发生了一场严重的争执，因为我把赚的钱基本上都花在约会上了，现在想起来我赚得还挺多的。父亲反对我这样做，他说我应该为上大学攒钱。我不得不提醒他，因为他在北美航空公司工作，我从那儿获得了去斯坦福大学四年的奖学金。我感觉不到他说的压力。

而他是在大萧条时期长大的。任谁经历了一段那样的时间，看待每一美元都会很宝贵，心态会完全不同。我想他是在提醒我，但我没有妻子和三个孩子要担心。我有一份好工作，所以我可以在约会上花钱。我是说，你能想象花 20 美元吃顿饭甚至喝一杯酒吗？当时那可是一大笔钱！所以我觉得他在某种程度上在意这件事，最后就表现出来了。这是我能记得的和父亲唯一一次真正紧张的局面。另一方面，当我到斯坦福大学读书的时候，发现学校里的其他人也都是优秀毕业生，他们都比我聪明，我不是最聪明的了。嗯，这是一种有趣的经历，发现自己不再是最顶尖的。

我在数学课、计算机科学课上都表现得很好。我很享受，也确实很喜欢这些课程。当时我被要求阅读历史和文学作品，尤其是关于西方文明的，这是必修课。我记得我提醒自己在这四年里要找时间阅读这些东西。当我毕业后，有了工作，也许结婚了，有了孩子，我就没有那样的空闲时间了。我想我认识到了这一点，并好好利用时间去读书了，因为以后会很难做到。所以，我把这四年的时间回顾为伟大的自由，但可能没有像现在这样有几十年的视角，能更加深刻地认识到这一点。

访谈者：您那时是非常自信的学生，也很开心，对吧？好像没什么挫败感或冲突？

温顿·瑟夫：不，我说过我在斯坦福大学有过一次冲突。我当时选修了一门创意写作课，我喜欢这门课，但我不擅长写对话，就是那种书或小说里面的对话，事实证明人们也不会像你写的那样说话。这种完整的句子不是人们说话的方式，人们不会说完整的句子。我写不出来那样的对话。我喜欢写真实的风格。是的，这方面我做不好。记得有一次写作，我的本意是恶搞亚历山大·波普写的东西，然后老师给了我一个C，她说我是从某个地方抄的，但她没有证据。她怎么可能有证据？因为我没有抄袭，这是我自己写的作品，但她不愿意相信。直到今天，15年后讨论这个问题，我仍然对这个老师的所作所为感到不满。随后我还去上她的课，但我尽可能远离她。总有一天，我希望能再见到她，然后跟她说："您知道吗？我从来没有抄袭。那是我的原创。"这是我在斯坦福大学上学时唯一的负面经历，其他的一切都是正面的。我认为那是对我的诚信的侮辱，我决不会想到做那样的事。

访谈者：是啊，这样的教授很糟糕。

温顿 · 瑟夫：我受不了两件事，冤枉我或者否定我，对我说“我觉得你做不到”。你知道吗，如果你想从我身上得到最大化的绩效，只需要告诉我，“我觉得你做不到”。我的反应就是我会证明给你看。

访谈者：那您对今天的孩子有什么样的建议？如何让自己更好地为未来做好准备？

温顿 · 瑟夫：嗯，我给这些年轻人的建议是关掉手机，把它收起来一段时间，去读一本书，去和你的朋友谈谈，到外面的世界去……我们制造了这些美妙的干扰，过早地向他们展示这些设备，如今到处可以看到很多孩子在玩手机。我有两个孙子，一个一岁半，另一个是六周大，这两个孙子中大一点的孩子已经非常喜欢这些设备了。感谢上帝，他们的父亲，也就是我的儿子，拒绝让他们玩这些东西。因为他已经发现了孩子们各种不好的行为模式，其中之一是当他们不能玩这些东西时就会发脾气；还有不知道分享任何东西，因为他们已经被自己的小设备包围了。尽管可以从手机及其应用程序的内容中学到很多东西，但我觉得这并不能让你准备好生活在一个有他人的世界里，你也不能把自己藏在网络世界里。所以，我觉得我们其实有潜在的危险，这种危险也许几年后才会变得明显。顺便说一下，电视也出现了同样的问题。我第一次拥有电视机是在 1951 年，我记得自己被盒子里的移动图像迷住了。当我们有了彩色电视，我们看到了所有的东西，包括商业广告，因为它们是彩色的。你可以争辩说手机的这种情况并不比电视的情况更糟，可是跟电子游戏比起来，你知道，电视什么都不是。

访谈者：的确如此，就痴迷度而言，这可能是真的。虽然很多父母只是让孩子坐在电视机前给他们播放动画片，认为这样能替代请保姆来照顾孩子，但是这样不好。

温顿 · 瑟夫：好在我的孩子们没有这样。我很高兴，因为我让我的孩子很早就对互联网感兴趣，他们学会了编程。嗯，我觉得这很不错。我一直在想，有些为小游戏编写的程序不是很好，但至少它可以让你从逻辑上思考如何做到这一点。我觉得他们的经历其实是健康的。现在他们都掌握了编程技术，并把他们的技术应用到电影制作上。

访谈者：您觉得我们应该担心这个吗？

温顿 · 瑟夫：是的，我们应该担心。现在我们的有线电视有 1500 个频道。我有一种理论，觉得电视节目的质量是有限的。现在它被分摊到很多节目上，在这种情况下，电视节目的平均质量会变得非常低，只有一个例外，英国有家电视台的电视制作似乎还不错，还有华盛顿的 WETA UK，这些电视台的产品质量很高。麻省理工学院有个人写了一些关于这个主题的非常重要的书。

而这一次，我要做一项重要的观察人们使用手机的行为研究。人们明显丧失了与人面对面交流的能力。有趣的是关于发短信，如果你不回复短信，呃，不回复是社交中可以接受的。对方的假设是：好吧，你不关心这个，我们得做点别的。这些年轻人喜欢发短信，如果到了他们不知道该说什么的地步，没关系，就什么也不说。

现在想象一下，如果这是一个面对面的谈话或者电话交谈，我们在讨论，出现一个问题，或者一个问题被提出来，你不知道答案，也不知道该说什么。那怎么办？如果你挂断电话，就是个很坏的信号；如果你什么都不说，那也是一个很坏的信号。突然间，你陷入了一种紧张的境地：我该怎么办？我不知道该说什么。因此，孩子们避免电话交谈和面对面的交谈，而倾向于短信交流，因为他们可以以一种社会接受的方式结束谈话。但我觉得这其实很糟糕，因为你必须学会如何与人互动，不能总是一走了之。

访谈者：那只是逃避。

温顿 · 瑟夫：你知道，我最担心的是年轻人容易上瘾，比如电子游戏。这样可能会导致他们失去对所有其他事物的兴趣，像阅读和书籍，与朋友出去玩以及参加学校组织的旅行，等等。与电子游戏相比，没有什么能让他们更感兴趣。所以，我们花点时间来讨论这个问题，因为我们所有人都开始担心社交网络及其滥用，以及玩电子游戏之类的问题。

这里面最主要的是积极的反馈。在电子游戏中，如果你赢了，想再赢就是积极的反馈，也可以称为赌博成瘾。好吧，我们理解了背后的机制，毒品也是这样，任何能让你大脑产生认可的事情都是这样。所以，这样的游戏会产生一种上瘾行为，同样的事情也发生在社交网络中。当你得到很多正面或负面的反馈时，很明显，那就是你在社交空间中得到了关注。

那么，这意味着什么呢？这意味着越来越多的极端行为，越来越多的极端言论，其目的是为了引起注意，寻求更多关注。我不会说出名字，但是 2018 年有一位政府的高级官员这样做了。事实上，这是一种潜在的上瘾行为，会导致极端行为中的极端言论，以及其他一切，无论是 YouTube、脸书还是其他什么社交媒体，人们都在通过做极端的事情来引起他人注意。我觉得这是一个严重的问题。它不同于电视，电视是一种被动的媒介。社交网络上有人主动利用有意的举动来引起别人的注意。所以，我们应该担心这个。

访谈者：是的。说到社交，您可以说说你的朋友们吗？

温顿·瑟夫：我初中没有很多朋友，只有一小群对数学、科学和类似的东西感兴趣的爱学习的同学。到了高中，我其实有一个相当大的朋友圈，我维持着这些友谊有几十年了。每年9月或10月，我们都会在加利福尼亚州相聚，了解一下彼此的情况和身边发生的事情。有趣的是每个人的年龄都差不多，大家在同一个学校圈子里，所以我们可以追溯某人的历史、职业和家庭生活……从大学毕业后，我们开始举办和参加这些高中聚会，也许是在我们高中毕业10年后，我们会谈论大家都互相关心什么，在做什么，工作是什么。然后有人结婚了，有孩子了，下一个话题变成孩子们的成长问题，接着是孩子长大成为青少年、去上大学，还有大学的费用，等等。等孩子们终于毕业了，我们的问题又转到了孙子上，然后是健康、医疗问题。所以现在每次聚会，我都能听到一连串的过去几年的医疗问题，以及我的子孙后代在做什么。应该还没有人有曾孙，但孙子肯定是有的。当然，我在这方面落后了。很多朋友的孙子都已经上大学了。而我的两个孙子，一个一岁半，一个六周大。我一直在计算，大孙子上大学的时候，如果我能活那么久的话，我就 90 多岁了。

访谈者：您有一些关系很近的朋友吗？比如喜欢经常打电话这样的朋友？

温顿 · 瑟夫：嗯，有一个相对较小的团队，有十几个朋友，他们中的一些人会理解我在做什么。我从 1976 年搬到这里之后，住在一个叫作卡米洛特（camelot）的社区。华盛顿重要的历史上都有这个词，在肯尼迪政府时期，杰克 · 肯尼迪和杰基是典型的华盛顿国王和王后。所以，每个人都把这个词等同于亚瑟王和亚瑟王宫。这很棒，附近有一个社区游泳池，还有一所小学。所以，我们的孩子都上过同一所学校，都参加了弗吉尼亚州北部游泳联盟的游泳队。这很重要，结果是我们这些父母辈和孩子们都有很多社交活动，特别是在夏天的某一周有很多交集。

所以，我会想向这些人解释一下我在做什么。当然讲不清楚，他们和电脑没有任何关系。40 年后的今天，很多人终于意识到这是怎么回事，因为现在他们每天都上网。看到人们开始意识到当时的那些事，就是我们今天所看到的互联网的形成时期，这是件很有趣的事情。但当时没有人真正理解到底是怎么回事。

他们花了很长时间来弄明白究竟发生了什么。

访谈者：你和斯蒂芬 · 克罗克是好朋友吗？

温顿 · 瑟夫：是的，事实上，我现在经常见到斯蒂芬，比以前见得多。在过去将近60年的时间里，我们的人生轨迹不断有交叉。明年，我们将相识60周年。我们是1959年在高中认识的。

访谈者：你们是同学还是？

温顿 · 瑟夫：我们在同一所学校——范纽斯高中。如果你在网上查一下范纽斯高中的名人，你会对在那里上学的人的名单感到惊讶，有罗伯特 · 雷德福[1]，斯泰西 · 凯奇[2]，唐 · 德莱斯代尔[3]。我是说，有很多好莱坞明星。这个名单上的人说洛杉矶那边一定发生了一些有趣的事情。我觉得

---

① 罗伯特 · 雷德福（Robert Redford），美国著名电影人。

② 斯泰西 · 凯奇（Stacy Keach），美国导演、演员。

③ 唐 · 德莱斯代尔（Don Drysdale），前职业棒球选手，司职投手，曾效力于美国洛杉矶道奇队。1962年球季获得赛扬奖，1984年入选美国棒球名人堂。

答案是在 20 世纪 50 年代末和 20 世纪 60 年代初，甚至 40 年代初，这个社区为好莱坞提供住宿。当时还没有 405 高速公路。

还有与互联网相关的人，斯蒂芬 · 克罗克，我，乔恩 · 波斯特尔，卡尔 · 阿尔巴，我们不是同一个班的，但是斯蒂芬和我是最好的朋友，我们经常在一起，我比他高一个年级，他比我小一岁。令人惊讶的是，我在和现在的史密森学会秘书戴维 · 斯科顿共进晚餐时发现，他也上过范纽斯高中，在我毕业了 6 年后，这完全出乎我的预料。所以，这也许可以解释为这里是某种程度上的中产阶级的社区，人们不算太富裕，但过得很舒适，因而产生了一批这种类型的学生群体。

访谈者：您是说这种社区对孩子有好处吗？

温顿 · 瑟夫：我不会做这样的影射，评判这是好事还是坏事。当然，这对我来说是件好事，因为现在那里充满活力，学术氛围好，有很多学生，比我在那里的时候好。过去 60 年来，该地区的人口结构发生了巨大变化。我没有太强烈的学术成就感。但我有一段时间没回来了，所以，我不敢说这个地区现在的情况是怎样的。

访谈者：你们是同年级同学吗？

温顿·瑟夫：不，我们的年级不一样，但我真的不记得我们是怎么认识的。当斯蒂芬考上范纽斯高中时，他发现那里教学质量不高，觉得学校教学存在严重的缺陷，我们都认为成立一个数学俱乐部很重要。所以，我们那样做了。还有一件事是，斯蒂芬和我参加了各种各样的竞赛，数学竞赛和类似的竞赛。还有来自不同年级的其他同学，参加了这些竞赛，我想这可能是其中一个我们互相认识的原因。

对了，我漏掉了一个人，理查德·卡普也在范纽斯高中，他后来去了我在斯坦福大学的实验室，并在那里写了第一版 TCP，并用 BCPL 实现了它，这种编程语言可能现在没有人使用了，它是 C 语言和 C++ 语言的前身。他后来跳了级，在我毕业之前的那个夏天就毕业了。我在斯坦福大学当教授的时候，他来到我的实验室。后来，他创办了一家公司，再后来这家公司以高价出售，他在董事会解散后就退休了。

访谈者：我再问您点别的，可以吗？我知道您的听力受损。

温顿·瑟夫：哦，当然，听力受损对我一定有影响。我早产了六周，医院把我放在早产儿保温箱里，确保我还能呼吸。因为早产六周，我的肺功能还没有完全建立起来，出生后暴露在空气中导致了我耳蜗内的听觉细胞和神经的退化。所以，我在四年级的时候很明显就已经听不到一些东西了。当时我大概只有 10 岁，家人让我上唇语课，我做得不太好。然后他们觉得也许没必要。到 13 岁的时候，我已经很清楚地意识到自己失聪了，问题在于我听不到从我身后传来的声音。我一直坐在第一排，一个原因是为了让自己集中注意力，另一个原因是为了听得更清楚。

但上课时有人会问问题，老师会回答。如果我没有听到这个问题，我就不知道答案是什么意思，就像老师会说“是”，但我会觉得什么“是”，不明白什么意思，所以我 13 岁的时候就开始戴助听器了。我想那时我上八年级。嗯，这是一个尴尬的时期，我是唯一一个在教室里戴助听器的孩子，那东西挂在耳朵上，在社交时很尴尬。

访谈者：助听器很大？

温顿·瑟夫：好吧，你知道它在那里，今天你看到了，有这么大，非常明显。所以，可能会产生社交上的一些不舒服。如果你用过助听器或者其他类似的设备就会知道，它会吱吱叫，真的很尴尬。那不是我的美好时光。我想，直到我在 IBM 工作之后，我才逐渐接受了必须戴助听器，不会因为告诉别人我的听力有问题而感到难为情，虽然只是解释一下，我戴着助听器。如今，对于这件事我非常坦率。但是有一段时间，我很不喜欢在别人盯着我的时候把助听器拿下来换电池。

我敢肯定，随着阿帕网项目的展开，当我在加州大学洛杉矶分校读研究生时，我对电子邮件产生了强烈的兴趣，因为它的工作方式与尝试开电话会议不同，它能来回发送文字信息。我觉得任何允许使用电子邮件交流的工作都变得对我有吸引力。所以，在1972年的一天，BBN的工程师雷·汤姆林森发明电子邮件时，我非常兴奋，并把电子邮件作为我喜欢的互动方式开始使用。每次我找工作的时候，我都会确认工作中是否可以使用电子邮件。

然后，我遇到我妻子西格丽德时希望她也能使用电子邮件。有很长一段时间，她对这样做比较抵触，直到她的读书俱乐部坚持要求她必须接收电子邮件，因为这比电话联系她容易。如今电子邮件已是一种主要的交流媒介，但对我来说，我从1972年开始用，已经用了46年。我确信，电子邮件的可用性和我听力受损的事实影响了我对工作和工作环境的偏好，我喜欢的工作和工作环境是能够用大量的电子邮件积极互动的。

访谈者：您第一次见到您妻子时，一定给她留下了深刻的印象。

温顿 · 瑟夫：是的。第一次约会看起来是一个开始，不是很好，也不是很糟糕。不过之后我的婚姻非常幸福。

我想想，她和我父母第一次见面的时候是 1965 年 11 月，我带她去住在奥兰治县的父母那里吃感恩节晚餐。最重要的一件事是，晚饭时我妈妈准备了一道菜——竖着的烤肋排，这是一种高级晚餐食物。我父亲喜欢辣根，所以我们总是吃很辣的辣根，很像日本菜里的芥末。西格丽德误以为辣根酱是土豆泥，吃了很大一口，然后喉咙简直在燃烧。后来她和我的家人打招呼时才说："有人注意到我在过去的十分钟里什么都没说吗？" 1966 年，我们宣布在 4 月，我父母 25 周年结婚纪念日的同一天订婚。

1966 年 9 月结婚，是我们认识大约 10 个月的时候。我父亲拒绝让我们结婚，原因不是他不喜欢西格丽德，而是他害怕如果我结婚会马上生孩子，就不会继续攻读博士学位了。当时，我在 IBM 工作，对于会不会回去写论文并不十分确定。但他担心我会放弃读博士，因为他的经历是他去打仗，回来后发现自己有妻子和一个孩子要抚养。他本想继续攻读法律学位，但他必须工作，所以无法攻读学位。我想他非常担心我结婚后也会发生同样的事情，所以不同意让我们结婚。

我给我的外祖父打电话，那时他的前两任妻子已经先他而去，他和第三任妻子住在一起。我问他，我该怎么做。他说，你爱她吗？我说，是的。他说，那么你应该结婚。所以，我们结婚了。如今已经52年了，我们的婚姻还不错。

访谈者：所以，您爸爸是因为您的外祖父才最终同意了？

温顿·瑟夫：他最终摆脱了忧虑。我想部分原因是我回到学校，继续攻读博士。

访谈者：您那时没有孩子。

温顿·瑟夫：是的，没有，我们等了很久。可悲的是，我父亲没能看到他的孙子，因为他在我儿子出生之前就去世了。他死于1971年6月23日，我生日那天。我们的第一个孩子直到1973年9月10日才出生。而我最小的弟弟直到我有了家庭才成家。所以，我父亲根本没看到过他的孙子。我母亲看到了，她活到了98岁。所以，她看到了自己所有的孙子，6个孙子，但没有看到任何曾孙。

访谈者：您的家庭生活怎么样？

温顿 · 瑟夫：嗯，我妻子让我的家人过得很舒服，因为她承担了我不在身边，独自一人抚养两个儿子的重任。她大部分时候都听不到声音，直到 1996 年，我们的两个儿子——大的 23 岁，小的 20 岁，上了大学，她才做了第一次耳部植入手术，恢复了听力。那时她的整个世界都变了，变成一个有声音的世界。

当我们在英国庆祝结婚 50 周年时，她租了诺森伯兰公爵在伦敦的住所来举办我们的结婚周年晚会。我们邀请了很多人，大部分是本地人，从英国来参加那个聚会。我们发现，人生已经度过了 80% 的时间，我们已经结婚 50 年了。事实上，我们真正在一起的时间只有 10 年，所以 50 周年的纪念日是件大事。另外，我们的 52 周年纪念日很快就要到了，9 月 10 日。

她不喜欢我提出的一些愚蠢的短途旅行的想法，比如澳大利亚的悉尼和堪培拉四天游（含往返时间），或者去瓦努阿图四天（不包括旅行时间），或者去亚洲。我们带上行李，10 天内去了 5 个城市，简直要哭了。这不是西格丽德喜欢的旅行。她更喜欢问我，我们为什么不搬到伦敦住 6 个月，或者我们为什么不参加伦敦的高级旅行团，在 1 个月的时间里参观 23 所豪华住宅和庄园。这是西格丽德想要的旅行。9 月，我们马上要一起去海德堡旅行，会在那儿待一个星期，然后去佛罗伦萨和博洛尼亚。11 月去牛津，我要在那里做一个演讲，然后在南安普敦举行两天的董事会会议，之后在新西兰待 10 天。

西格丽德和我一起旅行时她会有一些额外的行程，有时她会自己参加活动。几年前在她做了耳部植入手术后，她决定去印度买些艺术品。于是，她与弗里尔和萨克勒画廊的负责人一起去了一个月。所以她不介意我出差，只要给她一些自由时间就可以。

有时，我也情不自禁地好奇她会怨恨我吗？我不在的时候，很多家务活都是她来做，你知道，一直都是这样。

我们在一起的时候我和她一起做了很多家务。我觉得这是她强迫我休息的方式。她没有表现出很多怨气。我非常感谢她和我的两个儿子能容忍我的缺席。因为在早期的互联网发展时期，我经常外出工作一段时间，或旅行，或两者兼而有之。在过去的 13 年里，我一直在谷歌工作。我真的很感激她。

访谈者：您是如何维持幸福的婚姻的？

温顿 · 瑟夫：就像我说的，我有 80% 的时间不在她身边。你知道，也许那是有帮助的。如果我在家的时间不那么长，就不会吵架。

访谈者： 您如何用自己作为一个学生的经验，来教孩子？

温顿 · 瑟夫： 这很有趣。我当然鼓励他们学习。我知道得到良好的教育很重要，但我不想强加给他们任何特定的纪律。我不是指这种不良行为，而更像是不强加技术或学术纪律，我想让他们做自己喜欢做的事。

我的大儿子戴维去了托马斯 · 杰斐逊科技高中[①]。我不太确定他为什么想报考这所高中，那所学校需要选拔，得参加考试，我觉得对他来说这是一所很难的学校，竞争非常激烈，不过他做得很好。高中毕业后，他去了加州艺术学院上学，是由沃尔特 · 迪斯尼开办的。大儿子是个艺术家，我相信是得自西格丽德的遗传。他对拍摄很着迷，喜欢拍电影，所以在加州艺术学院学习了表演艺术。

他的弟弟班纳特去了新墨西哥州的圣达菲艺术设计大学，那是格雷 · 加森创办的一所表演艺术学校。我觉得

---

① 托马斯 · 杰斐逊科技高中（Thomas Jefferson High School for Science and Technology），是位于美国弗吉尼亚州费尔法克斯县的一所实施选拔性招生的公立高中，是一所为特别有天赋的年轻人拓展科学、技术和数学等领域兴趣的学校，多年在美国公立高中排行榜上排名榜首。

他选择这样做的原因是他哥哥去了一所表演艺术学校。两人最终都拍了电影。班纳特年轻时是一名电影摄影师，后来在洛杉矶的美国电影学院工作，这也是一所很难进的学校。

戴维没有回去攻读更高学位，但他已经和业界一些著名的编导一起工作，比如沃尔特·默什宾，可能是最著名的。他们两个最终都用自己掌握的技术来制作电影，不管是制片还是后期。

访谈者：请说说您选择斯坦福大学的原因。还有您为什么决定学这个专业？

温顿·瑟夫：斯坦福大学对我而言非常有吸引力，部分是因为学校的声誉，部分是因为我从北美航空公司获得了4年的奖学金，所以我去了那里。之前我告诉过你，我父亲最好的一个朋友在斯坦福研究所工作。我大约在1958年访问了斯坦福大学，这正是我最开始接触计算机的地方。但这是20世纪50年代的事了。在那次访问中，我遇见了斯坦福大学的一些数学教授，我没有什么特别可以说的，但是我对校园和那些愿意和我交谈的人印象深刻。更震惊的是我在社交场合遇到了罗伯特 · 奥本海默[①]。奥本海默是"曼哈顿计划"中原子弹项目的负责人。我知道他在历史上很有名，所以被这个人给吓坏了，那只是在帕洛阿托某个地方的社交聚会。所以，斯坦福大学的校园给我留下了很好的印象，我没想过去别的地方上学，所以我申请了那里，然后进去了。我想，部分原因是我的成绩很好，部分原因是我有奖学金。我选择数学专业是因为当时没有计算机科学系，但是我们有计算机。

斯坦福大学那些年的计算研究重点是数值分析。所以，我去了数学系，这可以理解。但是数学系是在人文科学，人文科学院和工程学院是不同的字院。我修过数学，也修过人文科学。我修了所有的数学课，也尽我所能上所有的计算课，还有历史和西方文明、创意写作、语言课程。我的辅修科目是德语，我觉得自己在斯坦福大学接受了非常全面的教育。我喜欢斯坦福大学的校园。

我在斯坦福大学的朋友比高中的少。我觉得部分原因

① 罗伯特 · 奥本海默（Robert Oppenheimer），1904 年出生，著名美籍犹太裔物理学家、"曼哈顿计划"的领导者，美国加州大学伯克利分校物理学教授，被誉为"原子弹之父"。于 1967 年逝世。

是学校的规模大，你知道，高中是一个很小的班级，每个人都认识。斯坦福大学有几千名研究生和大学生，所以我只和少量斯坦福大学的朋友维持了长期友谊，一直到今天。对我来说，这不是一次社交经历，更是一个严肃、稳定的时期。在斯坦福大学的时候，我被要求读很多平时不会读到的文学作品，这对我来说很重要，毕业后我可能有家庭，有工作要做，就没有时间去做这些事情了。

所以，我认识到这4年是非常特殊的，我尽自己最大的努力好好利用这段时间。大二的时候我去德国待了6个月，这对我来说是一次非常重要的经历，是我在美国之外体验过的另一种文化，在这6个月中我不得不说德语。在德国的时候我可以喝酒，因为那里允许饮酒的年龄要比美国的小一些。

事实是，斯坦福大学所在地区的气候也很干燥，这和德国有很大的不同，不是喝烈酒。我是在大二时知道白葡萄酒的，那时有一种叫维吉尼亚·戴尔的酒，糟透了。坦率地说，德国葡萄酒也不是都很好，有点太甜了。但我对葡萄酒很感兴趣。

我在德国的时候也抽烟斗，直到1986年才戒掉，在那之前我抽了20年烟斗。1962年我19岁，是斯坦福大学的大二学生，觉得这个世界还是不太好玩。因此抽烟斗对我来说是个决定性的事件。在德国时还发生了另一件重要的事情，他们允许我们延长假期。所以，我花了大约 10 天的时间去斯德哥尔摩，因为在奥兰治县的我家隔壁的邻居是瑞典人，就是斯德哥尔摩人。他们在斯德哥尔摩的家人，邀请我去做客。所以，我在 1962 年 9 月 10 日去那里，日期很重要，那时我 19 岁，这个家庭有一个 20 岁的瑞典女儿。好吧，我被她迷住了。10 天眨眼就过去了，我回到德国后决定要娶这个瑞典女孩，不可能娶其他人了。但是，4 年后的那一天，我娶了西格丽德为妻，她的家人是瑞典人。我没有娶到那个在 1962 年遇到的瑞典女孩，因为她比我大一岁，20 岁和 19 岁之间就像是有一道鸿沟。我们后来一直是朋友，偶尔会发邮件。

她是一个艺术家，后来嫁给了一个电信工程师。神奇的是，我的妻子也是一个艺术家，有瑞典血统，而她也嫁给了我这个工程师。

访谈者：您对年龄很执着。

温顿・瑟夫：更神奇的是，我家住在奥兰治县，隔壁还有对瑞典裔夫妻，他们有一个女儿，比我小 3 岁。那时她才 15 岁，我 18 岁。这是一个巨大的鸿沟。但是，在另一种情况下，我有可能会娶另一个瑞典人，住在隔壁的瑞典人。

访谈者：您是否意识到当时德国和美国之间存在着一些技术差距？

温顿·瑟夫：斯坦福大学的校园里有这样的课程，技术员在斯图加特（Stuttgart）实习，所以我可以去柏林待一段时间。我记得是1962年6月到12月这6个月的时间。那时我大部分注意力根本不在技术上，而是在例如语言、历史、地质学等诸如此类的东西上，有一位地质学家陪着我们不断探险。作为一名实习生，我们要去参观沿途的建筑，了解什么是巴洛克时期，什么是洛可可时期，什么是哥特式时期。从某种意义上说，这很像英国的大旅游概念，年轻的孩子在欧洲旅游，接触艺术、历史、建筑和类似的事物，还有食物、酒，等等。所以，6个月过去了，我没有感觉到两国技术上的巨大差异。

但请记住，那是1962年，柏林墙是在1961年5月修的，我大约在它建成一年后去的德国，所以能看到那堵墙成为东德和西德之间的一道明显的分界线。我再回到柏林是在1992年，柏林墙在1989年倒塌了。我记得两件事。当我从德国回来的时候，我讲述了自己在德国的经历，尤其是在东德和西德分裂时的经历。当时，我父亲仍在美国海军预备队在加利福尼亚州北好莱坞的一个班上教课。他们要求我把在德国的经历联系起来讲讲。我清楚地记得的另一件事是，1992 年我刚到柏林，让出租车司机做的第一件事就是带我去勃兰登堡门，因为在柏林墙倒塌之前不能这样做。30 年来，我第一次沿着这条街走下去，雕像转向了正确的方向。穿过大门，开车向下走，好像看到这个国家重新统一时的激动时刻。这对我有很大的影响。是的，出国留学对很多人都有影响。对于年轻人来说，必须在外面的世界体验，这比学习一些微小的技术知识更重要。

这是真正的历史之旅，并且我发现，如果我不说德语，别人就没法理解我。这是一个很好的浸入式的环境。那个小地方有 3000 人，人们都不会说英语。如果你想做什么，想知道做什么，就必须用对的语言。

访谈者：您怎么会把德语作为您的第二语言？

温顿 · 瑟夫：这有点奇怪。我父亲的家庭来自阿尔萨斯，阿尔萨斯曾经在德国和法国之间游走。我的母亲是法裔加拿大人，出生在蒙特利尔，所以很明显她会法语。

我的父母没有教我们法语，他们靠说法语对孩子们保守秘密。我父亲觉得阿尔萨斯是在德国不是法国，他坚持让我学德语。他从柏林雇了一个碰巧认识的人来北美工作，这个人每周三都会来辅导我学德语，我必须在家人面前用德语背诵。

我在高中学了德语，后来在斯坦福大学攻读了一门德语选修课。所以，我学了不少，然后在德国住了 6 个月。所以，我学了相当多的德语，几乎没学法语。

访谈者：您父亲认为自己的根是在德国吗？

温顿 · 瑟夫：是的，因为我们家来自阿尔萨斯 – 洛林（Alsace-Lorraine）。那里是法国东部大区，在 17 世纪以前属于罗马帝国领土，以说德语的居民为主，普法战争后于 1871 年割让给德国。1919 年第一次世界大战德国战败，这块土地又割让给法国。第二次世界大战期间被德国夺回，战后又割让给法国。所以阿尔萨斯地区在归属于德国和法国之间来回摇摆。这里的学校里既教法语，也教德语。我父亲喜欢把自己看成德国人。

访谈者：您不后悔没学法语吗？

温顿 · 瑟夫：不。我的意思是，学法语也不错，因为它是一门可爱的语言。但是我没有。我们家是曼海姆的分支，曼海姆在阿尔萨斯地区。所以，父亲非让我学德语是可以理解的。

访谈者：在斯坦福大学的四年，您觉得自己想在那里干什么？

温顿 · 瑟夫：有两件事占据着我的大脑。第一件事，当时我可以使用一些非常强大的计算功能，Burrows，Burrows5000，随后是 Burrows5500。在那之前，斯蒂芬 · 克罗克和我在高中的时候就用上了旧的 IBM 计算机和 Bendix G15 型机器。所以当我到斯坦福大学的时候，可以从 Burrows 获得更现代化的设备，学习用 ALGOL[①] 编程，尽我所能地学习每一门课程。对我未来的职业生涯来说，非常重要的一点就是，我在斯坦福大学学习了计算机知识。到了加州大学洛杉矶分校的时候我接触到了计算机。第二件事，我觉得同样重要的是，我有机会接触历史、哲学和西方文明的著作。这些真的对我产生了很大的影响。正如我所说，我意识到由于家庭、孩子等其他的干扰，将来我可能没有机会读很多这些东西。在斯坦福大学的学习对我而言真的很重要。有了这些知识，我很可能选择微生物学，例如我对在细胞内发生的生物过程非常感兴趣，研究这个主题已

① ALGOL，一种早期的计算机算法语言，是计算机发展史上首批产生的高级程式家族语言。——编者注

经有一段时间了。如果你觉得计算机是复杂的，就请看看细胞内部，所有这些裂变过程，还有一些相互冲突的事情，这很惊人，而这发生的一切都在维持细胞生活的平衡。维持生命的事物的复杂性，即使在一个单一的细胞里，也是非常惊人的。所以，如果能重新开始，我很可能会沿着微生物学这条路走，考虑到我们现在所知道的，以及我们可以利用的工具，了解人们身上发生了什么。

访谈者：哦，太鼓舞人心了。现在每个人都在谈论，在互联网上保证安全，最好是从生物学家那里学习。

温顿·瑟夫：是的，你可以想象类似的东西。其实我觉得，我们应该考虑如何找到一种有机的安全能力，网络需要有一个免疫系统，能够检测到入侵者。它需要能够适应并防御入侵者。

如果看一下生物学机制，则很惊人，它们经历40亿年进化而来，拥有强大的防御能力是自然的。如果你有40亿年的时间去试错，最终得到一些非常有趣和复杂的结果，这并不奇怪。所以我希望我们能找到一个系统，它对网络空间问题的反应方式能媲美免疫系统。

访谈者：没错。那会是一个很好的系统。

温顿 · 瑟夫：我已经研究快 8 年了，学到了一些东西，所以这意味着，值得我在接下来的 10 年里弄清楚它在网络空间中的意义。

访谈者：您如何看待当前互联网热门话题的趋势？例如 AI（人工智能）？

温顿 · 瑟夫：互联网现在占据了我的思维，其中一个是我们仍然只完成了一半，世界上仍有一半的人不能方便地、廉价地和可持续地接入互联网。我想改变这一点。第二个是它比以前更危险了，部分原因是现在普通人都可以上网了。在普通人中，有些人根本不顾其他人，利用这个系统做一些有害的事情，不管是窃取身份、伪造信用卡账户，还是将这些信息输入网络，或者试图影响社会行为和类似的事情，比如最近的选举。

事实上互联网是一个放大器，放大人们表达自己和发现内容的能力。我们必须认识到，被放大的有坏的东西，也有好的东西，问题是我们如何保持我们的人权意识。顺便说一下，2018 年 12 月 10 日是庆祝“世界人权日”的 17 周年纪念日，2018 年是联合国通过《世界人权宣言》的第 70 年。所以，我们需要想办法在网络环境中保护人们的安全，而不是压制他们的言论自由，还有集会和获取信息的自由。

这不是一个简单的任务，但我想尝试找到一种方法来解决这个问题。这就是问题所在。

还有我们之前提到的，人们对社交网络中的游戏，以及那些系统所产生的后置循环有着特殊的关注。例如，人们会沉溺于那些在性别和极端行为中的反馈循环，只是为了引起注意。所以，找到一种方法来解决这个问题，我觉得同样重要。

从某种意义上说，全世界都担心电视会对人们产生有害影响。我们有点忽略了互联网发展 50 年的经验。我非常担心这个环境，我们如何保护人们的安全和舒适？

同时，即使这种环境能提供优势，也是一个不小的问题，因为技术本身是绝对中立的，它不知道正在交换什么网民行为，其中一些决定必须由各类公司做出，而那些决定，如何表现，接受什么，还有拒绝什么，将被包括商业模式在内的各种事物所影响。

所以现在有一个问题，就是公司得到了关于网民行为的反馈，在某些情况下，他们会追求那些产生收入反馈和利润反馈的行为，即使这可能不符合他们所在的这个社会的最佳利益。那么我们如何解决这个问题呢？我 11 月将在牛津等地进行的演讲就是关于这个话题的。我可以和你分享。不过我还没写完。

访谈者： 好吧，谢谢，下次我们谈论这个话题。

温顿 · 瑟夫： 好的。

访谈者： 这很有趣。您知道，我们现在谈论的是您的青年时代，直到上大学，下一次我们肯定会讨论更多。

温顿 · 瑟夫： 好吧，我很高兴，我们再约时间。我们合个照吧。

访谈者： 太好了！

温顿 · 瑟夫： 已经不是第一次了。

访谈者： 非常感谢。希望我们很快还能再见到您。

温顿 · 瑟夫： 好的。

温顿 · 瑟夫访谈手记

方兴东

“互联网口述历史”项目发起人

2020 年 3 月 31 日，朋友发微信告诉我，“互联网之父”之一温顿 · 瑟夫也感染了新冠病毒，我马上去看他的推特（Twitter），果然 10 个小时前，他发了消息：“我的新冠病毒肺炎检测呈阳性，正在恢复中。”新冠病毒肆虐全球，各国名人政要纷纷中招，但一早得知温顿 · 瑟夫也被感染，我还是感到极大的震撼。温顿 · 瑟夫应该是互联网界名气最大的人物了。当然，他的推特粉丝并不多，虽然他从 2012 年 6 月就开设了账户，但也只有大约 2.4 万人关注了他。消息下面很多世界各国互联网领域的老朋友给他回复，都祝愿他早日康复，其中相当多都是我们项目做过访谈的老朋友。

温顿 · 瑟夫是大家非常尊敬的人物。76 岁的他是谷歌的副总裁，他最大的成就当然就是设计了互联网最重要的基石——TCP/IP。其实，他还是全球网络治理最重要的奠基者，是一位在全球网络治理方面不站在舞台上的“教父”，缔造了国际互联网协会、互联网名称与数字地址分配机构等一系列网络治理最关键的机构。2005 年开始，他成为谷歌的首席互联网布道师（Chief Internet Evangelist）。显然，他这个年龄还是有点高危，还好，最终有惊无险，温顿 · 瑟夫战胜了新冠病毒。

“互联网口述历史”项目得到了温顿 · 瑟夫的大力支持，他是全球互联网领域人脉网络极其关键的节点之一，引荐了一大批世界各国的互联网先驱接受我们的访谈。他本人也先后 4 次接受我们的访谈。但是，他的互联网故事远没有得到足够的挖掘，我们约定了要和他继续聊下去。

第一次访谈

2017 年 8 月，“互联网口述历史”项目访谈小组抵达美国的第三站——华盛顿，第一个将访谈全球最具影响力也最有明星范儿的“互联网之父”温顿 · 瑟夫，这也是我们本次美国之行最重要的亮点之一。当年他和鲍勃 · 卡恩两人共同发明了互联网最重要的基础 TCP/IP，瑟夫说他和卡恩当时在酒店，两人共同写下了协议的代码，后来用抛硬币的方式决定署名的前后，结果瑟夫署名在前。这个署名在前在后，效果当然完全不同。但瑟夫之所以成为几位“互联网之父”中名气最大的，不是因为抛硬币时的运气，而是他近半个世纪以来，始终活跃在互联网技术和网络治理的最前沿。他是国际互联网协会的发起人之一，同时也是互联网名称与数字地址分配机构成立的核心推动者之一。他的声誉完全是通过持之以恒的努力，不断叠加成就的。

作为全球知名度最高的“互联网之父”，温顿·瑟夫绅士般的衣着打扮以及高大的身材，有着媲美 007 扮演者肖恩·康纳利的明星魅力。所以，“互联网口述历史”项目美国之行的第一次就能够约到温顿·瑟夫的访谈，无疑大大提升了这次美国之行的含金量。

在国内和国际会议等各种场合，我与瑟夫见面已经不下 10 次。第一次和瑟夫见面，是在 10 年前。2007 年 3 月 1 日下午，由中国互联网协会组织了一批专家与担任谷歌副总裁的温顿·瑟夫博士进行交流。会议由中国互联网协会理事长胡启恒院士主持。与会的有中国互联网协会副理事长高新民、国家信息化专家咨询委员会委员方瑜、阿里巴巴原首席技术官吴炯，还有陈一舟和我。当时还在谷歌担任全球副总裁的李开复，也一同参加了座谈。随后，我们还一起吃了饭，合了影。

2003 年写作《IT 史记》的时候，我对温顿 · 瑟夫印象最深刻的就是他的听力问题。因为提前六周早产留下了后遗症，瑟夫小时候听力正常，到 12 岁时才发现听力有问题，并逐渐恶化，所以他现在必须戴着助听器。瑟夫的妻子希格里是一位插画家，3 岁时就全聋了。两人第一次见面就是他们的助听器推销商精心策划的。两人一见钟情，第二年就结了婚。由于听力问题，夫妻俩说悄悄话都像吼叫。

与瑟夫的访谈约在上午 11 点，在他位于华盛顿谷歌的办公室。我们提前出发，但遇到下雨，路上还是走了一个小时。停好车冒着雨，我们冲进了大楼。

钟布笑问瑟夫，当时是不是他的魅力征服了他的妻子，瑟夫很自信地回答说应该是的。因为那天她忘了还要送她妈妈去机场，导致妈妈耽误了航班。先天的缺陷与瑟夫后来的成功有着很大的关系，值得我们好好研究。

温顿 · 瑟夫无疑是诸多互联网先驱中接受访谈最多的人物，没有之一，对历史细节也回忆过很多，所以我们这次访谈必须推陈出新，重点在于挖掘他的生活，尤其是他与中学同学、另外两位同样传奇的互联网先驱——乔恩·波斯特尔和斯蒂芬·克罗克的友谊，他们在加州大学洛杉矶分校的因缘际会，以及他与另一位“互联网之父”鲍勃·卡恩联手缔造TCP/IP的神奇合作，与诸多其他合作者的人际关系。正是他们这些人最初小小的协作网络，才创造出今天有40多亿用户的超级网络。小网络如何缔造大网络，这是最有意思的视角。之前我和钟布边走边兴奋地构想与策划，他们的故事完全可以拍一部精彩的故事片，如果能够在2019年互联网诞生50年之际全球公演，那会是很有意思的事情。当然，设想终究还是停留在设想层面。

钟布不愧为访谈大师，整个访谈过程轻松愉快，因为瑟夫接受过的采访成千上万，很多围绕互联网工作和成就的话题已经重复了很多次。所以，我们的访谈重点在于挖掘他的生活和有意思的思考上。

第二次访谈

在瑟夫位于谷歌弗吉尼亚的办公室中，我们第二次访谈了温顿·瑟夫。四大“互联网之父”中，温顿·瑟夫无疑是最忙碌、时间最难约的，不过他还是给我们安排出一小时时间，并答应下次争取时间能够从容点。时间有限，必须争分夺秒，所以我们准备了一些很关键的问题，就从 4 个互联网诞生的纪念地聊起。

第一个是弗吉尼亚阿帕网标识；第二个是加州大学洛杉矶分校，1969 年第一个互联网节点在这里连通；第三个是斯坦福大学，当年 TCP/IP 的主要诞生地；瑟夫说还有第四个，这是我们之前不知道的，那就是旧金山凯悦酒店，当年 TCP/IP 构想完成的地方。

其实这四个地点，可以延伸出很多很复杂的问题：比如究竟哪个地方才是互联网真正的诞生地？哪一天是真正的互联网诞生日？还有最关键的，究竟哪些人可以被称为“互联网之父”？目前公认的四位“互联网之父”，当年他们之间就是一个别有趣味的人际网络，我很希望温顿 · 瑟夫能够概括一下他们 4 个人当年究竟是什么样的协作关系和个人关系。

还有就是国内广为流传的因为所谓根服务器在美国，美国政府可以对中国断网的说法。这一系列问题再复杂，再有争议，瑟夫也无疑是世界上最适合回答的人之一。果然，他对每一个问题的回答都非常精彩，客观得当。

第三次访谈

2018年8月31日，我们第三次访谈温顿·瑟夫，可以说这一次是迄今我们最成功的访谈之一，钟布高水平发挥，整整两个小时，温顿·瑟夫回忆自己的成长历程和斯坦福大学生活，格外精彩和生动丰富。

我们了解了瑟夫的祖父母、父母、两个弟弟，还有小时候的朋友。他的父亲是保险公司副总裁，所以温顿·瑟夫从小家庭条件优越，没有吃过苦，唯一负面的记忆就是有一次老师说他的作业是抄袭别人的，受了冤枉。

当然，最突出的就是作为早产儿的他，落下听力缺陷。这也使得他与世界的沟通方式与众不同，当1971年电子邮件发明时，这种无须通过声音的沟通方式无疑格外受到他的青睐。瑟夫讲述了学校老师的影响，也讲述了当年的女朋友，还有在欧洲遇到的金发美女，当然，更动人的就是他和他妻子的故事。

总之，这场访谈，真正达到了我们访谈的最高境界：我们不仅关注这些互联网先驱的成就本身，更重要的是关注他们成就背后的驱动力和原因。为什么是他们？他们有什么与众不同？每一个细小的回忆都充满了信息。不知不觉，两个小时到了，我们还需要再有多次的访谈，才能更全面深入地展现这位“互联网之父”的人生。

无论是了解整个互联网发展的历史，还是网络治理的历史，温顿·瑟夫都是信息最丰富的“百宝箱”，需要我们一次次不断深入地挖掘。但是，因为中美科技竞争和新冠疫情等因素的影响，约请到他接受我们的访谈越来越不容易，但我们依然热情地期待着下一次！

生平大事记

1943 年 6 月 23 日

出生于美国康涅狄格州纽黑文市。

1965 年　22 岁

在斯坦福大学获得数学学士学位。

1967 年　24 岁

考取美国加州大学洛杉矶分校，先后取得计算机科学硕士学位和博士学位。

1972—1976 年　29~33 岁

在斯坦福大学任教。其间与鲍勃·卡恩一起领导 TCP/IP 的研发小组，成功为阿帕网开发了主机协议，使阿帕网成为第一个大规模的分组交换网络。

1976—1982 年　33~39 岁

在美国国防部高级研究计划局任职，在互联网以及与互联网相关的分组交换和安全技术开发方面扮演了关键性的角色。

1982—1986 年　39~43 岁

担任 MCI 数字信息服务副总裁，领导开发了 MCI 邮件服务，这是世界上第一个连接到互联网的商用电子邮件服务。

1986—1994 年　43~51 岁

担任美国国家研究创新机构副主席。

1992—1995 年　49~52 岁

担任国际互联网协会创始主席。

1997—2001年 54~58岁

成为美国总统信息技术顾问委员会（PITAC）成员之一。

1997年12月 54岁

美国总统克林顿向温顿·瑟夫颁发了美国国家技术奖章。

1999年 56岁

担任MCI WorldCom高级副总裁，负责技术和架构。同时还担任互联网名称与数字地址分配机构的理事长及其国际论坛的成员。

2001年 58岁

获得美国工程院德雷珀奖，被称为“互联网之父”。

2004年 61岁

温顿·瑟夫荣获国际计算机学会颁发的图灵奖。

2005年11月 62岁

美国总统乔治·布什向温顿·瑟夫颁发了总统自由勋章。

2006 年 5 月　63 岁

入选美国国家发明家名人堂，成为技术通信协会荣誉院士。

2011 年 5 月　68 岁

被评为英国计算机学会杰出研究员，以表彰他对计算机进步所做的杰出贡献和服务。

2012 年　69 岁

入选国际互联网名人堂。

2013 年　70 岁

当选国际计算机学会主席；获得英国女王伊丽莎白工程奖。

2018 年 7 月　75 岁

联合国秘书长古特雷斯宣布成立数字合作高级别小组，温顿 · 瑟夫为组员之一。

“互联网口述历史”项目致谢名单

（按音序排列）

Alan Kay
Bernard TAN Tiong Gie
Bill Dutton
Bob Kahn
Brewster Kahle
Bruce McConnell
Charley Kline
cheng che-hoo
Cheryl Langdon-Orr
Chon Kilnam
Dae Young Kim
Dave Walden
David Conrad
David J. Farber
Demi Getschko
Elizabeth J. Feinler
Eric Raymond
Esther Dyson
Farouk Kamoun
Franklin Kuo
Gerard Le Lann
Gordon Bell
Håkon Wium Lie
Hanane Boujemi
Henning Schulzrinne
Hock Koon Lim
James Lewis
James Seng
Jean Francois Groff
Jeff Moss

John Hennessy
John Klensin
John Markoff
Jovan Kurbalija
Jun Murai
Karen Banks
Kazunori Konishi
Koichi Suzuki
Larry Roberts
Lawrence Wong
Leonard Kleinrock
Lixia Zhang
Louis Pouzin
Luigi Gambardella
Lynn St. Amour
Mahabir Pun
Manuel Castells
Marc Weber
Mary Uduma
Maureen Hilyard
Meilin Fung
Michael S. Malone
Mike Jensen
Milton L. Mueller
Mitch Kapor
Nadira Alaraj
Norman Abramson
Paul Wilson
Peter Major
Pierre Dandjinou
Pindar Wong
Richard Stallman
Sam Sun
Severo Ornstein
Shigeki Goto
Stephen Wolff
Steve Crocker
Steven Levy
Tan Tin Wee
Ti-Chaung Chiang
Tim o' Reily
Vint Cerf

Werner Zorn
William J. Drake
Wolfgang Kleinwachter
Yngvar Lundh
Yukie Shibuya
安　捷
包云岗
曹　宇
陈天桥
陈逸峰
陈永年
程晓霞
程　琰
杜康乐
杜　磊
宫　力
韩　博
洪　伟
胡启恒
黄澄清
蒋　涛
焦　钰
金文恺
李开复
李　宁
李晓晖
李　星
李欲晓
梁　宁
刘九如
刘　伟
刘韵洁
刘志江
陆首群
毛　伟
孟　岩
倪光南
钱华林
孙　雪
田溯宁
王缉志
王志东
魏　晨
吴建平
吴　韧
徐玉蓉
许榕生
袁　欢
张爱琴
张朝阳
张　建
张树新
赵　婕
赵　耀
赵志云

致读者

在“互联网口述历史”项目书系的翻译、整理和出版过程中，我们遇到的最大困难在于，由于接受访谈的互联网前辈专家往往年龄较大，都在80岁左右，他们在追忆早年往事时，难免会出现记忆模糊，或者口音重、停顿和含糊不清等问题，甚至出现记忆错误的情况，而且他们有着各不相同的语言、专业、学术背景，对同一事件的讲述会有很大的差异，等等，这些都给我们的转录、翻译和整理工作增加了很大的困难。

为了客观反映当时的历史原貌，我们反复听录音，辨口音，尽力考证还原事件原委，查找当年历史资料，并向互联网历史专家求证核对，解决了很多问题。但不得不承认，书中肯定也还有不少差错存在，恳切地希望专家和各界读者不吝指正，以便我们在修订再版时改正错误，进一步提高书稿内容质量。

联系邮箱：help@blogchina.com